i

为了人与书的相遇

好旅馆 默默在做 的 事

Good hotel

张智强——著

广西师范大学出版社
·桂林·

自序:

爱恋旅馆

7

Chapter 1

完美印象，一秒抓住人心

Chapter 2

聪明设计，越住越有乐趣

Chapter 3

有感服务，旅馆更有温度

Chapter 4

超值配件，成功吸引回头客

Chapter 5

精准定位，创造独一无二的体验

自 序

爱恋旅馆

因为工作，也因为个人兴趣，一年三百六十五天，我几乎有一半时间在旅馆中度过。

这么多年花在旅店上的钱，已能在现今香港最昂贵的地段买上千英尺大宅外加宽敞车位，我却宁愿蜗居在十坪不到、屋龄四十多年的老家，原因就是旅店那每晚千姿百态的居住体验，比坐拥豪宅更迷人，毕竟生活中已经充满“外遇”的机会，谁还需要亿万豪宅成为拖累，宁可穿梭世界当个游牧民族。

然而，就算只是“一夜情”的关系，我选择旅店时，也越来越像下手买豪宅一般慎重，要打听再三，也要实际探访，更要随时注意房价变化，付出的学费比攻读 MBA 学位还多上许多。每到一个地方安顿下来，工作之余的空闲时间，我都会马不停蹄地探访觉得不错但没有预订的旅馆，或者四处打探刚开业，甚至新鲜热烫、还未在媒体曝光的新旅店，一旦动心，甚至不惜改变原有计划。

在同一个城市时，我经常每晚更换不同住处，或是在同一间旅馆中尝试不同房型，进房后不先打开行李也不休息，花上至少一小时仔细盘查，打开所有灯光或窗帘拍照。无法住遍所有房间，也会印下每层楼的防火地图掌握各方布局，简直走火入魔，而且乐此不疲。

爱旅店写旅店的人相当多，但像我这样连房间平面图都花时间细细描绘，像足侦探的，恐怕屈指可数。

“Hotel as Home”，抑或“Home as Hotel”，对我来说几乎没有区别。旅店的生活模式，也逐渐渗透我的自宅和工作环境。办公室里堆满了成千上万的各国旅游书，最靠近办公桌位置的及腰书墙，几乎全和旅馆有关。家里也越来越像旅馆房间，摆满从世界各地搜罗来的“战利品”：从纽约 Soho House Hotel 买来的浴袍，荷兰鹿特丹 Hotel New York 的漱口杯，墨尔本 Prince Hotel 的拖鞋，东京 Park Hyatt Hotel 的衣服刷毛，无数小瓶装盥洗乳液轮流替换，连笔记用的 notepad 都印有各个旅馆标志……我承认，我是旅店恋物癖加购物狂，是不治之病。

以我这些年的观察，随着世界的界线渐趋模糊，人们生活形态转变，旅店的类型已不像从前只分为“商务旅店”与“度假旅店”如此单纯，风景越来越丰富，越来越具个性风格，功能也越见多元。原来多数只建于广阔郊区的度假旅店，现在逐渐在城市心脏地带崛起。而大胆创新、在传统客房标准中大玩不标准设计的实验性旅店，更像参与设计竞赛般风起云涌。有些旅店自身的建筑蕴涵了千百年的历史魅力，改建成旅店后更有韵味。有的旅店，成了旅行中唯一想去的目的地，让人待上三天三夜依旧流连忘返……

住得越多，就越嫌住得不够，专栏文章累积越多，也越感觉到光是述说单间旅店的故事，已不足以道尽二十多年的历程。本书像是我的长篇论文，试图将多年来的研究，在每一篇主题式的文章中奉献出来，从设计、服务、订房秘诀、趋势，到旅馆“配件”，等等，以不同角度将我亲身经验，以及观察到的一切，撷取精华并链接起来，比记录日志更深入，也更耗费心神，不扮高深也不讨好公关，是全新的分享方式。

对于喜爱住旅店的人来说，这可说是一本旅馆大全，我献出了不少真心钟爱的口袋名单。对于想探究更多旅店秘密的人，这也是一本达人秘籍，对于入住旅馆这件事，提供了许多不一样的视野与分解。

一个旅店是一个世界，由百千个大小元素串联在一起，万分有趣。表面上看似不打紧的事物，其实牵一发动全身，魔鬼就藏在细节里，抽丝剥茧之后才会知道其中的真相与奥妙，也会明白它们为何让我如此着迷。

Chapter 1

完美印象，
一秒抓住人心

01

网页，展现旅馆个性的第一步

餐厅可以无菜单，旅馆岂能无网站？就算被工作绑在香港无法出游，我闲暇时就喜爱逛游各个旅店的网上世界，或聊作幻想，或将好印象的放入未来住宿名单中，甚至比比价，看看有没有便宜可贪，若有难得的大优惠，立刻下订，排除万难也要奔往。

如今，许多人对于一家旅店的第一印象，已不是现实场景，而是在虚拟的环境中。因为住客来自四面八方，也因为旅游爱好者越来越年轻化，旅馆在搜索引擎上的能见度，逐渐比一篇传统纸本媒介的报道或广告还重要，网页制作也开始越见用心、争奇斗艳，我耗在其中的时间更是不可估算。

照理说，集团式旅馆的资源丰富，通常拥有比较完善方便的网站，透过一个网页就可以连接到世界各地分店订房，提供二十四小时在线服务。但也因为是集团的关系，有许多内容变得相当标准化，即便它位于东京的旅店和巴黎的实体大不相同，在网站中却难见到各自特色，总是千篇一律的城市大幅风景，衬上一张旅馆外观图或内场景，外加简单的一两页地图信息便罢了。

然而，如文华东方（Mandarin Oriental），在网站制作上算是认真，透过主网页再连接到在香港、上海、东京或巴黎等地的每家分店，都可以看见各自详尽的介绍，包括精心制作的宣传影片，以及所有房间的房型照片、设备细节、面积大小，以及窗外场景等，照片拍摄也较为平实，不会浮夸或太造作，让人在出发前就能对实际环境有所掌握，甚至到了现场更有惊喜。

新加坡拥有一百多年历史的 Raffles Hotel，网站播映酒店故事纪录片，配乐和制作都具备电影质感，实景拍摄旅馆各处，也有工作人员入镜，精彩动人得让我重复观看了至少一百次，也不厌腻。看完影片，一股亲切感油然而生，更期待相遇时刻。

许多旅店网页的房间介绍有个通病，就是照片交代得不清不楚，最常见到的是餐桌上的鲜花香槟成了主角，房间内部却成了失焦的背景，拍得艺术感十足，相当漂亮，却完全得不到真实的信息，PS 过度。对我而言，那是扰乱视听，企图隐恶扬善，恐怕如约见网络美女却经常遇上大恐龙般，大打折扣。

网页照片中越看不见的东西，越是让人担心。换言之，越不想让人看见真面目，那真面目通常都不怎么样。我会特别小心没有放卫浴间照片的旅店，没有放，通常就是因为不太上得了台面。

越有自信，越乐意对自己经营负责的旅馆，网站的信息就相对越实用。东京新宿的 Granbell Hotel 让我在入宿前留下很好的印象，它的网页充分展现了日本的细腻精神：光是标准房就有十种不同形式的选择，每一间都配上忠实详尽的现场照片，也清楚告知面积与家具种类，最让人感动的，是

01

01 香港 Tuve Hotel 内部设计撷取了北欧精华，网站风格也极简清新。

02

03

02 住在意大利 Torre di Moravola，可享受与世隔绝的居住体验。

03 到了文华东方，会得到比网站内容更大的惊喜。

罕见地附上所有房间的平面图，如同要卖房子般相当有诚意，还没实际到那里，就觉得安心。

网站内容是现在许多旅客判断旅馆好坏的第一关卡，原本一家相当好的旅店，若没有在网页制作上用心，是非常可惜的。我曾入住过一家现场令人相当满意的设计旅店，但在行前浏览它的网站时，却充满怀疑，不仅每间房间的照片多是大同小异的 close up（特写）画面，不是像家具产品目录般只见桌椅、不见整体，就是完全不搭调的西装制服局部甚至名表照片，抒情抽象的介绍词套用在别的旅馆也没两样，完全看不到特色。

而有些明明位处亚洲的旅馆，网页却放了大量欧洲美景或西方模特儿，自信心不足之余，也让人摸不清真相为何。

因为缺乏财团资源做宣传，许多独立旅馆的网站反而更用心、更有个性。从照片、介绍，到背景音乐的选择，都可以见到主人高超的品位和对于经营旅店的情感。

意大利 Torre di Moravola 是我入住过最浪漫的旅店之一，由一对鹣鲽情深的异国夫妇携手打造，亲自赋予一座十二世纪的古瞭望台全新生命，提供隐蔽山林、与世隔绝的居住体验。我无法年年前往，却不时会开启它的网站，听那令人身心放松的古典音乐，配上如梦似幻的旅馆与周遭四季美景照片（质量可媲美国际设计艺术杂志），已是一大享受。更棒的是，网站上还有旅店主人受访的纪录影片，可加深对旅馆的印象。

香港天后区年轻设计旅店 Tuve Hotel，旅店的名称与设计灵感，来自丹麦摄影师基姆·哈尔特曼（Kim Holtermand）所拍摄的瑞典 Tuve 湖泊，内部设计也高明地撷取了北欧精华。我很欣赏它的网站，首页便是旅店 logo 的展现，简单的一条横白线，穿插波动着长短不一的直线和字样，像是收音机摆动的音波般，也源自倒映在湖面的树林群像，让人的心境逐渐随着那隐约的美感进入恬静，搭配的弦乐也相当优美。网站设计低调得相当大胆，颜色只用黑白灰阶，非常文青风，制作者显然也非常年轻。

如何将旅馆的精髓和性格，透过数页网站表达出来，就如第一层肌肤的保养化妆，成了现代旅店不能不琢磨的工夫。

Info

Mandarin Oriental	www.mandarinoriental.com
Raffles Hotel　新加坡	www.raffles.com/singapore
Granbell Hotel　日本／东京·新宿	www.granbellhotel.jp/en/shinjuku/
Torre di Moravola　意大利／翁布里亚（Umbria）	moravola.com
Tuve Hotel　中国／香港	www.tuve.hk

订旅馆不只靠科技，也要靠运气

香港人最爱整天盯着股票证券指数，跟着波动起起伏伏，我也玩数字，玩的却是旅馆网站上的房间价钱。有优惠就下杀，错过最低价，那扼腕的心情可以让我一整天（甚至多年后想起来）都沮丧。

以前订旅店很简单，交给旅行社或旅游代理处理就行，现在不同了，得上网做很多功课，看完旅店官方网站，还要到 agoda、hotels.com、expedia 订房平台比较研究，想想值不值得用那个价钱包早餐，哪种房型才划算，看看优惠还有几小时倒数时间可以考虑，有没有比航空网站"机加酒"更便宜。这些网站标榜让订房这件事更快速搞定，实际上却让我的选择困难症加剧了。

订纽约的旅馆最令人七上八下，前一天以为自己捡到便宜，第二天居然又打了好几折，第三天价格又飙升三四倍，比华尔街现象还离奇。我曾经在加拿大转机前先订好一家纽约旅店，下了飞机好奇再查一下，就变成半价，无奈已过二十四小时前退订期，只好摸摸鼻子，在 check in（入住）时向接待人员大吐苦水以示抗议。

百分之百依赖网站也不行，传统的旅游代理不可就此失联，尤其是刚刚开幕的旅店，旅行社常常可以拿到特别好的公关价钱、知道第一手情报，因此还是要跟他们联络感情。

更别说有些小型独立旅馆，不想参加“Design Hotels”等集团被收取佣金，就得自己 e-mail 或打个电话过去预订。

有时订旅馆不能光靠科技，还要靠运气和人情。有次在意大利订了三天同一家设计旅店，房价十分优惠，但第二天就有点住腻。随意到附近参观一些旅馆，有一间看来十分有意思，随口跟接待人员聊聊天，他得知我原入住的旅店和价钱，便热情说可以帮我打电话免费退订，并且给我一样的房价，绝不加钱。他多了一个住客，我多了一天新鲜体验，何乐不为?

02

Lobby大胆吸睛，立刻提升好感度

Lobby（酒店大厅），介于私领域与公领域的灰色地带，通常是旅客接触旅店内部的第一个地方，是门面，也是请人入座的厅堂。

然而，Lobby也常是住客最不愿花时间逗留之处，经历一场疲惫的旅程后，每个人都想快快拿到钥匙，到房间脱下鞋袜躺在大床上。旅店若要透过Lobby赢得好感，就得像杂志封面一样大胆吸睛。

最常见的传统Lobby风格是“气派”，让住客体验和普通住家不一样的“尊贵”，脱离日常。许多旅店对于气派的想法，不外乎是高耸天花板、水晶灯、大理石或豪华地毯，弄得金碧辉煌，或许有人欣赏，“wow”一声赞叹，但若只是复制赝品、过度花哨，反而弄巧成拙，沦为俗气。

上海The Puli Hotel & Spa的Lobby就气派得令人感动，气质优雅极了。从外头你争我夺、车水马龙的现实环境走进旅店大厅，仿佛瞬间穿越，进入松竹密布的静谧世界，充满东方禅味的氛围让原本喧扰的心境冷却下来，甚至让来往的人忍不住放轻脚步轻声细语。通往接待大厅的走廊，是一整面黑色光洁的地板，加上透光镂空的黑网墙和古石狮印章，塑造出神秘又典雅的氛围。大厅一排简约的灯箱加上夹纱玻璃，只利用底部一面玻璃就做出无限延伸的画面，如真似幻。设计者深谙东方美学与西方设计哲

学，将两者合并得相当完美。我几乎可以在这样的 Lobby 里待上半天，静修养神。

另一个让人难忘的 Lobby 设计是在伦敦的 Hotel Hempel，那是如进入雪国境地、禅的体验，你想得到的多数 Lobby 摆设像是隐形般融入一片灰白世界中，要让眼睛适应一阵子才能一一显露，慢慢找到那火光如冰的白色壁炉、白色柜台、白色古玩和白色沙发等，偶然点缀的低调深褐、深绿植栽与黑色员工制服，则让空间的白更为干净，极简而庄严，面积不大的室内显得无边无际，我深怕鞋底带进的一丝灰尘会破坏如此的完美。就算如今旅馆已停业，记忆仍鲜活长存。

Lobby 可以是介于现实与梦想之间的过渡，是净化的场域，让来客在此洗涤俗世尘埃，从心灵开始彻底放松。

除了大气之外，小而美近来也渐渐成为另一主流。越来越多旅客追求更高的隐私和更独特的服务，他们害怕待在如赌场旅馆 Lobby 那样气派到惊人的空间，对于过大、过度空旷的环境感到手足无措。于是也有更多精品旅店只做迷你 Lobby，布置得精致温馨，只有正式住客才能进出使用。

对旅馆经营者而言，Lobby 这个空间恐怕是最令人头疼的，因为它的性价比不高，占了旅店不少坪数[1]，用电量极高，无法像客房、餐厅般创

1　坪：源于日本传统计量系统尺贯法的面积单位，主要用于计算房屋、建筑用地之面积。1 坪约合 3.3057 平方米。——编辑注

01

02

01 下午五点之后，Andaz Hotel 的 Lobby 就成了 Happy Hour 的酒吧或居酒屋。

02 北京 Park Hyatt 把通常最贴近地面的 Lobby 搬到最高楼层。

03

03 走进上海 The Puli Hotel & Spa 的旅店大厅，瞬间进入充满东方禅味的氛围。

造直接价值，也不太能提供高度隐私。然而，Lobby 又是多数旅馆不得不具备的衣装，旅客需要一个这样的空间来来往往，相聚或道别，check in 并 check out（退房），像是举办固定仪式的道场……

我们公司曾在一个旅馆设计案中提出想法，建议将 Lobby 以活动式墙面区隔，要办派对时就将空间展开，有大人物到达时就做出秘密通道，想节省光源时也可以缩小 check in 的区域……让 Lobby 变大变小，具备更多用途，也让灯光配置可以更环保、更有弹性。

如何让 Lobby 更为人所需，是现代旅店经常思考的议题，也有不少聪明的旅馆付诸实行。

东京虎之门之丘的 Andaz Hotel，在下午五点之后，Lobby 就成了 Happy Hour 的酒吧或居酒屋，无限提供各种高质量饮料和轻食，鼓励住客走出房门，到这个公共空间互相认识、社交与同乐。对我这个晚餐不想吃太饱的人来说，这些饮食刚好满足需求，因此入住期间我总是准时报到。

英国伦敦的 Ace Hotel 更大方，索性让 Lobby 为城市所用。就算没有订房，每次在城市逛累了，我总想到东伦敦肖迪奇区（Shoreditch）这个移植了纽约嬉皮精神的旅馆，就像到一个舒服的咖啡店坐坐，喝杯咖啡，用笔记本电脑听听音乐，消磨时光。每到此处，总发现 Lobby 永远都大受欢迎，那长条大木桌或角落沙发上几乎坐满了人。他们各有目的，来自不同背景，有人正埋头阅读或在手提电脑前写作、写谱，有人端着酒杯大谈世界经济，有人耳鬓厮磨说着絮语，甚至有人拿起吉他自弹自唱，他们有许多都不是住客，却经常在此流连，贪恋这边比咖啡店更时尚、却不一定得消费的轻松环境。

Ace Hotel 的 Lobby 总是闹哄哄的，开放得像是小区活动中心，或是可尽情高谈阔论的另类图书馆，打破传统高档旅店与公共空间的界限，也成了首都伦敦的特殊风景。

相较于贴近人群，Lobby 的另一个趋势则是位于高高在上的位置。如今许多首都都向往在城市中再筑起垂直城市，让密集人口和对生活的渴望填往天空，兴建多用途的摩天大楼。五、六星级的旅店通常是这类大楼的必要配备，也打破了传统独栋建筑的格局，例如北京 Park Hyatt，就把通常最贴近地面的 Lobby 搬到最高楼层，反将房间置于其下，于是大厅坐拥了最广阔的视野，由整座城市风光支撑起它的气派。

无论是大是小、是高是低，只要是让人想多逗留一下的 Lobby，便有了欢迎人再度光临的诚意。

Info

The Puli Hotel & Spa	中国／上海	www.thepuli.com
Andaz Tokyo Toranomon Hills	日本／东京	tokyo.andaz.hyatt.com
l London	英国／伦敦	www.acehotel.com/london
Park Hyatt Beijing	中国／北京	beijing.park.hyatt.com

03

打破公式，check in 带来惊喜

以往的旅馆 check in 是这样的：服务员与房客之间隔着一张冷冰冰的柜台，登记、缴钱、搬行李、给钥匙、解说设施等流程公式化进行，规划好的礼貌性欢迎仪式越有效率越好，因为房客在旅途中已多繁杂关卡，在柜台多待几分钟都是不耐的折磨。房客看不见服务员下半身的模样，服务员则连上半身的表情都一模一样。现在，人们的需求渐趋复杂，加上科技的弹性运用，check in 的公式有了不一样的变化。

位于印度尼西亚小岛或泰国的度假旅店，像是 Four Seasons Resort Bali at Sayan 这样的地方，只要你一进门，服务员便拿着笔记本电脑立刻追随到身畔，请你先在舒适的沙发落座，奉上一杯加了柠檬片的水，甚至是插了兰花的特调饮料，当然服务员也陪你坐下来，彼此视角平等，自然亲切的聊上几句日常，手指滑滑点点间，就完成了登记，拿了房卡（或密码）。双脚有了歇息，就不觉得时间过得太慢，从 check in 开始就是真正的度假。现在有些都会型旅馆也采用这种方法，让人还没进房就松懈心房。

香港 The Upper House 甚至连 check in 和 Lobby 的空间、时间都免了，从入口处就有人持着 iPad 陪同登上时光隧道般的电扶梯，废话不多说，一两分钟就搞定登记，房客可以自行搭客房电梯入房，几乎无缝接轨。

也有旅馆让你在家先利用e-mail来往就完成check in。我喜欢称Suitime Hotel为“米兰的隐形旅馆”，如果事先没调查好，很难在城市中找到它。它的check in流程也挺神秘，入住三天前，我收到一封长长的电子邮件，上面写了十分详细的住宿须知，给了一组密码，还附上声明：“若有状况需要协助，可以拨打我们的紧急电话，但请注意，周末不会有人接听……”

Suitime现场当然没有任何柜台，得自己在一排十九世纪的公寓建筑中，找到旅店隐密的门牌和入口，输入密码进入房间，还要按照指示拉开某个抽屉找到钥匙。过程就像侦探小说的剧情，幸好抽屉内没有摆一张古老藏宝地图，否则这旅程真是没完没了。那是非常私密，却也令人有些不安的check in经验，而我也真的在周末遇到门突然打不开、差点请消防队救援的窘境。

相较之下，同样是拿预先密码直接入房，巴黎的Hi Matic就让人安心许多。在这里是利用一台机器输入数据自动check in，类似现在机场的自动柜台，以节省人力资源。然而如果遇上问题想找人，仍会有“有血有肉”的员工出面协助与沟通。

有的旅店check in时间虽然较长，却令人相当享受。我在香港半岛酒店（The Peninsula Hotels）完成登记后，服务员还会一路陪同上楼到房间门口，路途或许只有五分钟，却已经有个西装笔挺的侍者站在门口处等候，手上还端了一壶泡得刚刚好的茶水，另外递上一条温热却不烫手的毛巾，服务完美得令人感动，疲劳全消，也怀疑是不是一路有大队人马背后监视

01

02

01 巴黎 Hi Matic 让旅客用机器输入数据，自动 check in。

02 入住香港 The Upper House，一两分钟就完成 check in，可以自行搭客房电梯入房。

03

04

03 一般旅馆入住时间都是下午三点，瑞典 Ice Hotel 则要到晚上六点才能入住。

04 米兰 Suitime 没有柜台，旅客得自行在一排十九世纪的公寓建筑中，寻找旅店隐密的门牌和入口。

追踪，才如此分秒精准。

半岛酒店的科技运用可说是世界旅馆之最，但仍保留传统，坚持人与人面对面的服务方式，有连锁旅店难得的人情味，这点从 check in 时就可以感受得到。在 cost down（或美其名曰环保）的风潮下，check in 接待者成了可有可无的存在，但对我来说，人的温度仍无法被取代。

有人、无人之外，check in 入房的时间点也有变局。最普遍的规定是下午三点后入住，第二天中午退房。瑞典 Ice Hotel 例外，因为下午五点前开放参观，所以入住时间是晚上六点，打破最晚纪录。

我入住的大多数旅馆在 check in 的时间上都有弹性，若房间整理好就会放行。只有日本十分坚持早一分钟都不可以，似乎深怕一个步骤不对，就会破坏接下来的流程。因此就算是早班飞机，双脚已走得麻痹，到了日本，我还是会乖乖如灰姑娘一般，等待三点魔咒准时生效。

现在有少数旅店走另一个极端，让旅客（尤其是顶级客房的住客）只要是入住当天，任何时刻都可以 check in，check out 亦然。常从香港到印度旅行的人有个经验就是：班机通常都是晚班抵达，到旅馆时已近午夜，睡不了几小时又要退房，相当浪费。有一次我到班加罗尔香格里拉旅店（Shangri-La Hotel Bengaluru）入住，便有 check in/out 时间任选的优待，若我再厚脸皮一点，说不定可以午夜时分入宿，第二天午夜前再离开，用尽房价效益。

和机场相比，旅馆的 check in 多了许多故事和变局，这个关卡本身就是一把打开神秘宝盒的钥匙，若不顺利，盒子里就算装了什么稀世珍宝，也不再那么令人惊喜了。

Info

Four Seasons Resort Bali at Sayan　印度尼西亚／巴厘岛	www.fourseasons.com/sayan
The Upper House　中国／香港	www.upperhouse.com
Suitime Hotel　意大利／米兰	www.suitime.it
Hi Matic　法国／巴黎	www.peninsula.com
The Peninsula Hotels　中国／香港	www.tuve.hk
Ice Hotel　瑞典／基律纳（Kiruna）	www.icehotel.com
Shangri-La Hotel Bengaluru　印度／班加罗尔	www.shangri-la.com/bengaluru

温柔的 check out，让人依依不舍

相恋容易分手难，check out 也深藏爱情哲理。

因为还要赶飞机、赶乘车、赶行程，check out 的状况常常有些匆忙，尤其是国际连锁旅馆，我经常遇到表情紧张的服务人员，如在快餐餐厅工作般力求快手快脚，虽不至于像赶客离巢，比起 check in 时的热情亲切却有落差。当然面对赶时间的“急惊风”顾客，他们也不得不如此，斩断情丝得又快又准，以免受到非理性的投诉。

对旅馆来说，check out 最重要的任务，是确认消费账单，趁大家分手前理性把账算清楚，免得日后情伤难断，徒惹纠缠。

多数较好的旅店会处理得不愠不火，minibar 和所有服务消费记录都自动化了，白纸黑字明明白白，要栽赃要抵赖都不容易，也做足礼貌让你心甘情愿。

有的旅店则不免拖泥带水，名目写得好听却有许多模糊地带，还有服务费、清洁费等说应该也不太应该的意料之外的收费，眼看再争论下去就没完没了、赶不上预定班机，只好付钱了事，但那股气也梗在心头不易消化。

有的账算得过于无情，让你不知所措。在国内的旅店经常遇到一种共同经验，让 check out 时不免有些难堪，那就是服务人员会在你面前拿起电话，高分贝地喊声“查房！”后，你就得杵在那儿等候宣判。就算 check in 时已用信用卡刷了保证，也得如此。

有些旅店则是分手也分得甜甜蜜蜜，让你离得既窝心又依依不舍。荷兰鹿特丹 Hotel New York 的账单不是一张“薄情纸”，纸质精致高档，附上的旅馆插画充满创意童趣，令人爱不释手，十多年来我都好好珍藏着不忍扔去。

纽约第五大道的 Andaz Hotel 则一边摊上账单，同时又奉出三个质量精致的礼品，随季节需要做变化，我入住时正好是冬天，便随手选了润唇膏。后来在干燥的北美，一路上我都不必担心以往双唇龟裂的状况。

若旅店是恋人，它那温柔之举会深深存在记忆中，让我期待复合的那一天早日到来。

04

专属好气味，疗愈旅人身心

有些细节是看不见的，但至关重要。例如空气，捉摸不到，无形无色，却因为每个人都得呼吸而扮演着不可或缺的角色，为感官传递复杂并难以忽略的讯息。

我的嗅觉相当敏感，每当走进旅店的刹那，我都会特别注意大厅飘散的气味。旅馆就是有种专属的旅馆味，即使闭上眼睛，我都能知道自己是否已踏入旅馆创造的“结界”之中。

不同国家的环境、不同旅馆又会有属于自己的不同味道，像是不同的女人喷上相同的香水，还是会挥发出各自独有的芳香。同样集团出品的旅店，即便使用统一制作的香氛，位在东京和伦敦，因为气候和进出分子的变化，飘散的气味还是些许不同。

现在有越来越多旅馆在此处大动手脚，将气味纳入旅馆设计的环节。我最难忘的是法国巴黎 Park Hyatt Vendôme 的空气，拉开大门，调香大师布雷斯·莫汀（Blaise Mautin）特别为旅店设计的独特香氛扑鼻而来，温暖而有深度，让神经彻底放松。旅店里的洗发水、蜡烛、按摩油、空气清净剂都是这种独一无二的味道，让人忍不住搜罗回家，想念时再拿出来嗅一嗅，更舍不得使用。甚至连旅店提供的甜品马卡龙（Macaron），偶尔也可以预订到有这种香气的口味。

然而那缭绕在 Park Hyatt Vendôme 各处的特殊气味，不是一蹴可及的。我记得多年前入住时，旅店还没有这种浓郁的香味，直到入住多次，才发现那味道越来越明显。经理告诉我，那香氛是从旅店完成之后，一天一天慢慢散布积存的，直到现在才有这令人难忘的成果，如体香般深入肌理的自然存在。

好的味道会在脑海中烙下深刻记忆，挥之不去，是最不可被忽视的隐形装潢。

同样由莫汀设计，土耳其伊斯坦布尔的 Park Hyatt 又是另一种味道。他以玫瑰为主题，充分发挥与在地文化结合的心思。那轻盈甜美的香氛，并不会像土耳其软糖般过度甜腻，不浮夸艳丽，更接近如清晨玫瑰园散发出的自然气味，相信就算是从不擦古龙水的男性都会感到舒服。

味道可以是旅店性格及主人喜好的呈现。罗马的 Il Palazzetto 是位于西班牙阶梯顶上、十六世纪的美丽建筑旅店，也是国际葡萄酒学院所在，终日飘散着上百种迷人酒香。除此之外，老板娘对于香氛也有独到见解。房间盥洗产品使用罗马本地的 Amorvero 品牌，还特别另外调制出旅店专用香味。那味道相当得甜，非常女性化的感觉，涂在手上像是成群蜜蜂都会被招引似的，对我而言的确太难忘，却也稍嫌过腻了。

一些品牌形象偏男性的旅馆所用的味道就比较对我脾胃。米兰（及世界各地）的 Armani Hotel 所用的香氛就较为男性化，而米兰 Bulgari Hotel and Resort 有一种绿茶味道的香氛用品及浴盐，中性清淡，让人想再三回味。

01

01 巴黎 Park Hyatt Vendôme 的空气中，充满了调香大师为旅店设计的独特香氛。

02 Il Palazzetto 房间的盥洗产品用的是罗马本地品牌，还另外调制出旅店专用香味。

03 巴黎 Park Hyatt Vendôme 的 Blaise Mautin 沐浴用品有独一无二的香味。（摄影：张伟乐）

04 米兰的 Armani Hotel 用的香氛较为男性化，比较合我的脾胃。

02

03

04

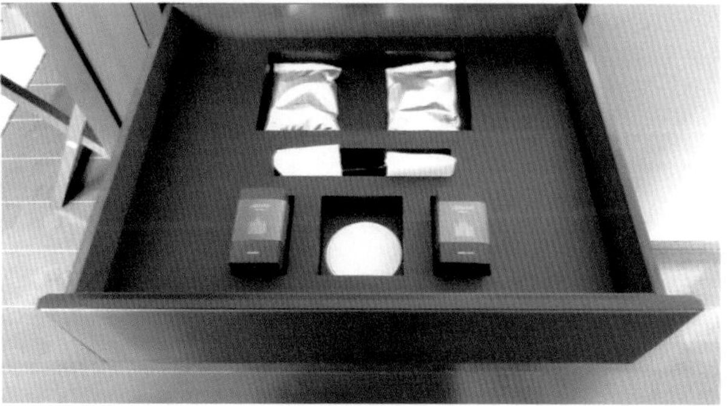

我最最喜欢的，还是曼谷的 Metropolitan Hotel。它使用的是 COMO Shambhala 香氛产品，特别针对泰国气候，利用薄荷、茉莉花等植物成分制成沐浴用品，用它的沐浴乳冲凉后过了半小时，还是觉得舒服清凉、精神爽朗。

从气味就能知道这家饭店维持得好不好，是否别具心机，或是自以为神不知鬼不觉地偷了懒、做了弊。

气味不好，再昂贵豪华的旅店也会顿时变得廉价。我曾经在一家五星级旅馆的房间浴室里，嗅闻到毛巾发酸的气味；也常在看似柔软洁白的床铺上，发现缎花抱枕飘出陈年未洗的风霜味，便知道那旅店的清洁功夫只做到表面，小费就不必给了。

更糟的是，自以为有品位的味道。同样使用玫瑰为主角，曼谷某家旅馆有间玫瑰房，一打开门我就知道不得了，扑鼻而来的是各式各样不自然的玫瑰气味，所有事物都跟玫瑰有关，没有喘息余地，加在一起，那浓郁的味道叫我毕生难忘，恐怕真的玫瑰也会叹气枯萎了。

气味透露的秘密有时比想象中更多，也成为旅人难以忘怀的体验。

Info

Park Hyatt Paris Vendôme 法国／巴黎	parisvendome.park.hyatt.com
Park Hyatt Istanbul 土耳其／伊斯坦布尔	istanbul.park.hyatt.com
Il Palazzetto 意大利／罗马	www.hotelhasslerroma.com/en/il-palazzetto
Armani Hotel 意大利／米兰	milan.armanihotels.com
Bulgari Hotel and Resort 意大利／米兰	www.bulgarihotels.com
Metropolitan Hotel 泰国／曼谷	www.comohotels.com/metropolitanbangkok

05

旺中带静，是最理想的位置

位居市中心，身处交通枢纽，易于到达，是否就是成功的旅馆位置？对我来说并不必然。要看是在哪一个城市，哪一种交通方式，附近又有什么样的左邻右舍，答案并不简单。游走世界这么多年，经常见到好的黄金地段，被不入流的旅馆盘据，而处处无可挑剔的旅店，又矗立于资源贫乏的荒郊野外。

许多旅馆喜欢盖在火车站或地铁附近，可以一站式（one-stop）提供多种功能。效率十足的香港金钟就是这般景象，最底层是地铁汇流大站，往上数层是高级商场，再高一点便是五星级旅馆群集争霸之地，人们只须搭乘电梯地上地下来来回回，就完成多数旅游目的，甚至不需要曝晒到天光，下大雨更不用怕。

只不过，并不是在大城市里、近地铁站就叫便利。法国 Mama shelter 的确是在巴黎市中心，离大仲马地铁站（Alexandre Dumas）也不到步行十分钟的距离，但事实上，它位于离多数热门景点挺远的二十区，我每天都要从这里花大约一小时，才能抵达想去的目的地。不过，若不赶时间，依旧非常值得一住。旅馆前身原是一座废弃汽车修理厂，在设计鬼才菲利普·史塔克（Philippe Starck）的手中，打造出一个充满趣味、有点叛逆又温馨的旅人游乐园，而它平实的价位在巴黎更是难得。

紧邻地铁这个优势，有时还会是拉低格调的致命伤。伦敦The Lanesborough Hotel本身是一间非常优质的旅馆，设计与服务质量一流，其餐厅内的英式下午茶备受吹捧，入住其中仿佛晋身英国上流阶层。它的地理位置看来相当优秀，就坐落于骑士桥（London's Knightsbridge）旁边，可俯瞰海德公园（Hyde Park）美景，然而美中不足、最被挑剔的也在于此，海德公园角站（Hyde Park Corner）紧邻其旁，地铁标志就显而易见地树立在旅店面对海德公园的入口处，形形色色的人潮不断经过，巴士频繁停靠流动，热狗小贩和报摊群集，抢去这个高档旅店不少私密性与风头。

火车大站附近，多见龙蛇杂处、红灯区与市集混杂的情况，顶着不缺住客之利，却难真正觅见好住处。我经常趁着书展时专程到德国法兰克福，每年十月，此处的房价可以翻涨两三倍之多。有次为了赶上行程，不得已选住火车站附近，原订的旅馆让我大失所望，逛了将近十多家其他住处后，好不容易才找到一间Bristol Hotel，无论质量或价钱在那时那地都算得上是“荒漠甘泉”，让我立刻放弃原处订金改住此处。

许多时候，既方便又有点不方便的位置，因为蒙上一点点神秘色彩，与人群保持若即若离的关系，反而会十分迷人。

意大利米兰本身就是迷宫，有许多美丽都是藏起来的，从表面上看不出来，要稍稍费劲摸索才能挖到宝藏。每一次我走进这个城市，总会在某个神秘、少见人烟的转角深处，遇到令我欢喜不已的旖旎风光，都是旅游书上展现不了的惊喜。

01

02

01 日本 Benesse House 即使偏远，依然是众人追求的圣地。

02 米兰 Four Seasons Hotel 位于最精华的中心地点，旅店本身却在僻静的街道深处。

03

03 瑞士 The Omnia Zermatt 旅店底下四十五米处，就是热闹的策马特市区。

米兰的 Four Seasons Hotel 其实位于最精华的中心地带，众多新颖豪华的购物名店近在咫尺，旅店本身却位处僻静的街道深处，要费一番工夫才能找到入口。十六世纪就已矗立在此的它，是栋充满古典气质的建筑，和米兰许多其他部分一样，曾经历第二次世界大战的摧残，面目全非后受到细心重建，浴火重生。每一次到米兰，我都会到此和朋友吃顿饭、喝杯酒，它那高雅如隐士贵族的气氛，加上无微不至的服务，让人想一来再来。

而入住瑞士的 The Omnia Zermatt，会以为正离群索居、位处荒野深山之中，其实热闹的策马特市（Zermatt）就在底下不过四十五米处，从城镇中心走入短隧道再搭乘电梯就可接达，现实人群与梦幻天堂间不过相隔一小段距离，令人脱离现实之际又感到安心。

像这些旺中带静的环境，便是我心目中最理想的旅馆地点。隐私与便利，常像是天平矛盾的两端，能找到取得平衡的关键位置，旅馆已经成功一半。

另一方面，好的旅店位置是可以被创造的，就算怎么偏远荒芜，旅馆本身也可以让那个地方成为众人追求的圣地。要到达日本四国直岛（Naoshima）的过程一点都不容易，几乎用遍了各种现代交通工具，上飞机、搭火车、坐船、换巴士，甚至还要转搭住客专用缆车，不善长途跋涉的人恐怕要头晕了，为的就是安藤忠雄设计的 Benesse House ——将美术馆与旅店合一的博物馆级居所，以及岛上其他丰富的大师级艺术创作。

直岛原本因为污染遭到荒废，却受到国际艺术及建筑大师青睐，摇身成为全世界最美丽的艺术人文岛屿，被艺术与设计迷视为一生必去的地方。因为遗世独立，让人可以专心沉浸在那些经典创作之中，尽情享受大自然间的不朽文明。

Info

Mama shelter　法国／巴黎	www.mamashelter.com
The Lanesborough Hotel　英国／伦敦	www.lanesborough.com
Bristol Hotel　德国／法兰克福	www.bristol-hotel.de
Four Seasons Hotel　意大利／米兰	www.fourseasons.com/milan
The Omnia Zermatt　瑞士／策马特	www.the-omnia.com
Benesse House　日本／直岛	benesse-artsite.jp/en/stay/benessehouse

06

Location 越意想不到，越有人气

数年前我曾受邀到米兰某个大学带领设计工作坊，当时我出了道作业：请学生在学校步行十五分钟的范围内，找到一个适合建筑旅店的地点。年轻人不愧是脑筋灵活，最后我拿到的答案各个天马行空，而我给最高分的那个小组，选了一块在附近大运河旁的空地，以起重机吊起一间“旅馆”，入住后起重机把它升起，欣赏三百六十度无障碍河岸景观，早晨就再把它提放到邻近的民宅旁，请居家大婶提供温暖的家庭式早餐。

摇摇晃晃、可以移动的旅店，太荒谬吗？至少荷兰阿姆斯特丹有个现实版的起重机精品旅店——Faralda Crane Hotel。它有三个房型，坐拥一流港口与城市风光，有空中按摩浴缸，甚至还可以玩高空蹦极（Bungee Jumping）。虽然旅馆房间无法真的自由被悬吊移动，但已相当大胆。

一个让人料想不到是旅店的地方，打破四四方方的传统格局，主打与众不同的新鲜感，然而标新立异之际，也不能轻易忽略旅馆该有的条件。

最常见的是由古迹遗址改建而成的旅店，将传统变身为非传统，建筑本身就已充满话题和个性，能真正深入其中住上一宿，有时比拿着手电筒夜访墓地还要刺激，非常适合有冒险及考古精神的旅馆迷。

现今，越旧的事物越 Hip、越潮；更动得越少，越保留原汁原味的地方

越吸引人。在拥有众多古老建筑的英国可以找到许多案例，我印象最深刻的就是 Alias Hotel Barcelona，这间位于西南部德文郡埃克塞特（Exeter）市中心的小型旅馆，前身是一家医院，还是一家规模不小的眼科专科医院……医院啊，光听就忍不住打冷颤，我生平最讨厌上医院看（探）病，光回想那浓厚的消毒水味就不禁胆怯。但已经是旅馆的医院就不一样了，反而让我更有兴趣一探究竟，测试我最厌恶与最喜爱的两件事放在一起有何化学效应。

旅馆外观仍是当年红砖屋的原貌，一踏进 Alias Hotel Barcelona，没了药水味，满室复古味浓厚，旧式 Terrazzo 地砖，二十世纪五六十年代的各种灯饰，表面皱纹满布甚至裂开了的皮沙发，等等，经过一段岁月之后，看起来、用起来都有让人一见如故的舒适感。医院的旧东西被巧妙融入新设计之中，手术室改造的房间仍保留左右那两扇喀吱作响的推门，走廊上发着惨白光线的吊灯像极了半颗眼球，楼梯转弯处还有绿色古老的牙医凳放在那儿，像个静止的幽灵，就怕你不敢坐，而衣柜里的书可是真的旧书，不是假扮高深的仿作。

新与旧的融合游戏，在这类改装旅店内可以玩得淋漓尽致，也相当考验设计师的品位。除了医院，修道院、大使馆、学校，甚至公众游泳池都有改建成知名旅馆的例子，连国际连锁旅店也参与了这种另类空间，像是土耳其伊斯坦布尔的 Four Seasons Sultanahmet，将最丑恶的监狱修建成了最豪华的新古典旅馆。

01

01 迪拜 Bab Al Shams Desert Resort & Spa 的游泳池，一边是清凉的人工池水，另一边是黄沙滚滚的天然沙漠。
02 德国 Hotel im Wasserturm 以前是水塔，在设计大师手下，变身为个性独特的舒适居所。
03 拥有二十多间客房的瑞典旅店 Jumbo Stay，由波音 747 飞机改造而成。

02

03

废弃飞机就算不飞行了，也可以留在地面再利用。瑞典斯德哥尔摩的阿兰达（Arlanda）机场就有一架起飞不了、却仍然创造价值的波音747，被改造成拥有二十多间客房的旅店 Jumbo Stay，无论经济或商务舱，都有让人可以一百八十度躺平的空间，更不用担心乱流来袭。

有些建筑在过去本身并非为人所用，以往根本料想不到能够变为住人的旅店。Hotel im Wasserturm 以前是个住不了人的百年建物，是欧洲最大、最早被列入历史保护的水塔，在法国设计大师安德莉·普特曼（Andrée Putman）手下，变身为个性独特的舒适居所，原本朴实无华的建筑被赋予"Chic"（时髦）风格。我入住过两次，每次都有不同体验。

悬崖边、森林大树上、海面上或雪地里，有些旅店本身存在的地理环境，就已令人感到意外。迪拜的 Bab Al Shams Desert Resort & Spa 像一座从沙漠中无中生有的仿古城建筑，远远望去就如海市蜃楼一般，让人摸不清是真实抑或虚幻。在它的游泳池内游泳，更是一场超现实体验。一边泡在碧蓝清凉的人工池水中，一边竟是黄沙滚滚的天然沙漠，偶尔还有骆驼商队骑乘而过，对我来说，那景象比看肚皮舞娘扭动腰身还要煽情。

Airbnb（www.airbnb.com）的诞生，造就了更多彩多姿的旅店环境，只要有遮盖、能睡上一觉的地方都可能成为住宿地点。我就透过 Airbnb 订到东京中银胶囊大楼（Nakagin Capsule Tower）原本不外借的出租套房两天。这个日本建筑史上"代谢派"（Metabolism）的经典之作，是幢外观如漫画里外星生物体的建筑，至今看来仍未来感十足。

二〇一五年入住时，中银胶囊大楼即将拆迁的传闻甚嚣尘上，在经济价值至上的世界里，经典也难逃现实的命运。或许管理者已懒得修复，内部环境已不如从前，既阴暗又堆积了不少废物，并没有如建筑大师黑川纪章当初的理想般能代谢演化。我独自站在如太空舱般的房间里，圆型气孔状的窗户似乎正发出微弱的喘息，我暗自默祷：或许就让那建筑自己拆解移动，逃到清静之处去延续它的有机生命吧！

Info

Faralda Crane Hotel　荷兰／阿姆斯特丹	www.faralda.com
Alias Hotel Barcelona　英国／埃克塞特	www.ca.kayak.com/Exeter-Hotels-Alias-Hotel-Barcelona.176076.ksp
Four Seasons Sultanahmet　土耳其／伊斯坦布尔	www.fourseasons.com/istanbul
Jumbo Stay　瑞典／阿兰达	www.jumbostay.com
Hotel im Wasserturm　德国／科隆	www.hotel-im-wasserturm.de
Bab Al Shams Desert Resort & Spa　迪拜	www.meydanhotels.com/babalshams
Nakagin Capsule Tower　日本／东京	zh-t.airbnb.com

04

04 土耳其 Four Seasons Sultanahmet 是由监狱修建成的新古典旅馆。

05 中银胶囊大楼是日本建筑史上“代谢派”的经典之作。

06 泰国曼谷的 I.Sawan Residential Spa & Club，外头是市中心地铁穿越处的车水马龙，里头却如远离尘嚣的秘密花园。

05

06

Gary 私房推荐
“地点出乎意料的旅馆”

旅馆名称	国家／城市	前身
Hotel New York Rotterdam	荷兰／鹿特丹	荷美邮轮公司总部大楼
Lute Suites Amsterdam	荷兰／阿姆斯特丹	十八世纪的火药厂
Torre di Moravola	意大利／蒙托内	十世纪的瞭望塔
Townhouse Street Milan	意大利／米兰	特色是房间罕见地位于一楼商业街道，窗外就是市区马路场景，不知情者会以为是办公室而非旅店。
Das Stue Berlin	德国／柏林	丹麦大使馆
Four Seasons Milan	意大利／米兰	十五世纪的修道院
Miss Clara Stockholm	瑞典／斯德哥尔摩	女子中学
Sofitel so Singapore	新加坡	电信和邮政大楼
Wonderlust Singapore	新加坡	老牌学校
Hotel Molitor Paris	法国／巴黎	公众游泳池
Conservatorium Amsterdam	荷兰／阿姆斯特丹	音乐学院与银行大楼
Riva Lofts Florence	意大利／佛罗伦萨	河岸工厂
Tintagel Colombo	斯里兰卡／科隆坡	政府大楼

Side Hotel Hamburg

07

联结好邻居，传达在地风土人情

生活在香港，高楼遮蔽了大半的天际线，人们越住越密集，却也越发孤僻疏离了。搞不好，就算是隔了道薄墙的邻居，多年来都不知道对方贵庚贵姓。许多事直到失去才会突然觉得珍贵，于是这几年，“在地人情味”又卷土回归，成了最潮的趋势与商机。

现今有越来越多旅客更想感受住宿环境的个性与特色，希望光是从旅店就能达到深度旅游的目的，让越来越多经营者意识到，做好与在地联结这项“博感情”的工夫，其实比砸大钱在硬件上更有吸引力。

打破藩篱、和邻居发生亲密关系这件事，说起来简单，做起来却有明显的高明与低下之分。头脑简单的做法，就是依样画葫芦，旅店隔壁就是皇宫，那就装潢出几分皇宫的气派样；或是位处中东沙漠，就搭几个帐篷、养几只骆驼，员工披上头巾穿上白袍，做出文化融合的样子……但这样却是做得刻意了。

从如何利用邻近土地，和周遭邻居如何打交道，甚至合作这档事，也可以看出旅店经营手段的高低之分，要做得专业有深度，又不致过度热情黏腻，其实是既磨心又费劲的事，需要相当的细心和诚意。

身处郊区乡间的独立旅店，较容易将在地资源转化为自身之用，与土地邻里间的亲密关系往往可以是最大卖点，吸引重视健康与环保的现代

01

01 英国 Babington House 餐厅中的蔬果由自家后花园所栽种。

02

03

04

02 意大利 Sextantio Le Grotte Della Civita 旅店，利用原始的洞穴建筑修复而成，与城镇外貌彻底融合。

03 东京文华东方酒店中摆放的许多用品都出自当地百年老店之手。

04 纽约 Andaz Hotel 即使位处步调紧凑的金融区，仍不时举办二手拍卖市集或农夫市集。

旅人。例如位于英国萨默塞特郡（Somerset）、由古庄园改建的Babington House，餐厅蔬果就是自家后花园所栽种，房间内摆放的十二瓶Spa身体清洁产品，则是附近农庄农人种出来的植物再造而成，自给自足又别具风格。听说平时在伦敦高级夜店出没的名流绅士们，假日最爱往这里钻，享受宁静的乡间风情。

没有自己的农地，也有些标榜环保的绿色旅店，逐渐与所在地形成公平交易网络，使用有机的当地当季食材和肉品，既新鲜，又与小区经济互利互惠。

有时候，不破坏在地特色，就是旅店与小区邻居间最好的关系。位于南意大利马泰拉（Matera）这个千年古山城里的Sextantio Le Grotte Della Civita旅店，是利用原始的洞穴建筑再修复而成，与城镇外貌彻底融合，也无明显分界，庭院也开放给邻人进出，若没有熟门熟路的在地导游带领，很容易错过。旅店内的家具甚至还用古老方式榫接，摆设和员工衣着也尽量低调简朴。在还保留着旧时人情味的小区里，不随意侵扰历史，自然而然地和当地打成一片。

就算集团式顶级都会旅馆，也开始明白这个软道理。以往一间城市中的五星级旅馆就似一座孤立城堡，提供进口的昂贵食材，用着欧洲最好的品牌，邀请国际建筑与设计大师，至于周遭邻居与它发生的关系，或许不过就是翻高数倍的房地产和更繁忙的交通。

东京的文华东方酒店便懂得借由地利优势，变得与众不同。日本桥聚集了多家从江户时期就开始的百年老店，要找日本最传统的手工艺品，就得往这里头寻找。有这些厉害的艺术工匠与店铺为邻，东京文华酒店里的用品当然不用再假外人。旅店里有许多设计细节都是当地行家的作品，其扇形标志就是从一五九〇年就开业至今的 Ibasen 用心专门制作，赠品也经常是著名手工染布和服作坊 Chikusen 的设计毛巾或手帕。我不必亲访老铺，就可以接触到日本桥的限定精髓。

除此之外，东京文华东方酒店也经常举办与日本传统文化相关的活动，像武士剑道、茶道或歌舞伎表演等。员工甚至会走出酒店，实际参与当地的庙宇祭典，加入抬神轿的行列。

没有百年历史做靠山，纽约华尔街的 Andaz Hotel 则是用更灵活的派对打交道。即使位处步调紧凑的金融区，仍主动不时举办二手拍卖市集，或搞搞吸引互动的艺术活动，等等，让当地文化活络起来，为冷漠而金权至上的世界带进温情。

旅店是一群互不相识的人来去之处，真切的人情味却可以是共通语言，让陌生快速变得熟悉，也让原本就应该熟悉的不再陌生。而“尊重”提供这份在地资产的邻居，便是现代旅店最雄厚的本钱。

Info

Babington House 英国／萨默塞特郡	www.babingtonhouse.co.uk
Sextantio Le Grotte Della Civita 意大利／马泰拉	legrottedellacivita.sextantio.it
Mandarin Oriental Tokyo 日本／东京	www.mandarinoriental.com/tokyo
Andaz Wall Street Hotel 美国／纽约	wallstreet.andaz.hyatt.com

08

只有一个房间的旅馆更出众

当旅店只有一个房间时，比起拥有数百个房间的大型旅馆，更能挑逗我的好奇心。

“Droog Design”已是现代荷兰设计的代名词，以独特、不按常理出牌的荷式“严肃幽默感”为设计灵魂，打破现代都市繁闷生活的枯燥，却也不脱离实用精神。

二〇一二年年底，Droog Design 将位于阿姆斯特丹市区的一栋十七世纪老建筑，改造成 Hotel Droog 兼生活概念店，一、二楼是开放的商业空间，三楼便是仅此一间的 penthouse（顶楼）客房。

Hotel Droog 可以说是个新极简主义微型旅馆（Micro-Hotel），入住里头，便可以慢慢玩耍那些随意摆放在各处的灯泡，坐上回收旧衣捆绑成的破布椅（Rag Chair）发呆，将护照藏进没有一个抽屉相同的拼贴橱柜（Tejo Remy Chest Of Drawers），把衬衫挂上会发光的衣架……感受全新的住宿经验和出人意表的复合功能。那八十多平方米的阁楼房间更让人着魔，窗边橘红色的独立浴缸本身就是艺术品，洗手台处是由木头木架搭建出的小屋模型，而加热的方式竟是用柴火加热水管，古老的洗浴方式成了充满乐趣、值得玩味的体验。开放式厨房由磁砖拼贴而成，贴心而生活感十足地摆好红酒、水果和牛奶。入住那几天，我都舍不得离开那个建筑。

德国柏林一处马路边空地有个 Single Room Hotel，每年只在十一月到翌年三月开放，是由建筑用的预制件搭建而成，外墙还被贴上各式广告，不仔细看还以为是弃置路边的货柜。不要小看这个只有三十二平方英尺[1]的斗室，水电、暖气、通讯设备、浴室、睡床等一应俱全，比多数建筑工地的临时货柜屋还高档。

房间不代表就是硬梆梆的地面建筑，巴黎铁塔下的叙弗朗港口（Suffren）有一间 Bateau Simpatico，原是一艘一九一六年建成、往返于莱茵河运送煤矿的荷兰大型平底船，一九七五年被一名建筑师买下，随即给船只彻底打磨翻新并改为旅馆。在河水推波下，深夜时如入睡于轻轻晃动的摇篮中，让梦乡更香甜。

一个房间的旅店不一定是因应拥挤的城市空间，有时也是为满足现代人偶尔想遗世独居、返璞归真的需求。

Utter Inn 是一间深处于瑞典斯德哥尔摩梅拉伦湖（Lake Malaren）湖底的另类旅店，住客抵达距离酒店所在地一公里的韦斯特罗斯港口（Vasteras）后，随即有小艇专程送往房间，让住客与世隔绝的与静谧湖泊和鱼群一起过夜。但这不表示住客之后得自给自足、自捕海鲜，需要客房服务（Room Service）时，仍有专人用快艇奉上。

同在斯德哥尔摩的 Hotel Hackspett，一样拥抱自然，坐落在瑞典斯德哥

1　1 平方英尺约等于 0.093 平方米。——编辑注

01

02

01 荷兰 Hotel Droog 八十多平方米的阁楼房间充满乐趣。

02 一个房间的旅店，也可以经营出个性与特色，像是罗马 Residenz Tre Pupazzi（左）与米兰 Fornasetti Apartment（右）。

尔摩瓦萨公园（Vasa park）内一棵四十多英尺高的橡树上。这里提供炉具，住客要如露营者一般自己煮食，或者自备干粮和树上禽鸟一起享用。

一个房间的旅店，有时更可以独立经营出个性与特色，专心提供服务，让住客得到与众不同的居住体验。

Info

Hotel Droog 荷兰／阿姆斯特丹	www.hoteldroog.com
Single Room Hotel 德国／柏林	www.skulpturenpark.org/spekulation/boulE.html
Bateau Simpatico 法国／巴黎	www.quai48parisvacation.com
Utter Inn 瑞典／斯德哥尔摩	www. vasterasmalarstaden.se
Hotel Hackspett 瑞典／斯德哥尔摩	visitvasteras.se/en/actor/hotell-hackspett/

客房名称，决定了旅客观感

不仅旅馆的名字重要，客房房型、房间门口被取了什么样的称呼，也可以决定人们对一家旅店的观感，入房的过程能不能顺利。

把房型依等级分为 Standard Room（标准房）、Superior Room（高级房）、Executive Room（行政房）等最为普遍，拥有上百间客房的大型旅馆，房间大部分只能再以楼层顺序编码，玩不出太多花样，中规中矩。

中小型的旅馆创意度就比较高，瑞士 The Omnia Zermatt 有三十个房间，先以 A 到 Z 编号完，再将四间特别房编了 Omnia 1、2、3、4，一点小变化就颇新鲜了。

最得我心的，就是从名称就可以看出空间大小，越精确越好。伦敦 Easy Hotel 的卖点是充分利用空间的实惠房间，房间名被分为“small room with window”（含窗小型房）、“small room no window”（无窗小型房）、“Standard room with/no window”（含窗 / 无窗标准房”、“twin room with/no window”（含窗 / 无窗双床房）等，不用一一翻简介，就知道是不是两张单人床，有没有透气的窗户。

香港 Landmark Mandarin Oriental Hotel 直接用空间尺寸为房间编号，

“AL450”便是四百五十平方英尺面积的房间，童叟无欺。

从房型中可以看出面对哪个景观、分布位置的，也算得体。如东京虎之丘 Andaz Hotel，面积一样的套房，有可以见到东京铁塔的塔景房（Tower View Room），或海湾的海景房（Bay View Room），以及皇宫花园景观的园景房（Park View Room），价钱也不一。

创意过了头也是问题，最怕的就是房型或编码方式过度抽象或刻意高深，和实际场景不相关，让人一头雾水又大伤脑筋。

北京有一家以宫殿为名、主打中国风的旅馆，一个楼层是一个朝代，房间以不同皇帝为名，如康熙、雍正、乾隆和光绪，感觉很特别，但是我这个历史不及格的香港人得苦思解惑，换成完全不懂中文与中国历史的外国人，恐怕要迷失在那复杂的称号迷宫里，徘徊着找不到归属了。

Chapter 2

聪明设计，越住越有乐趣

01

集团式旅馆也能各自表现特色

以前去集团式旅馆，许多情景都可以被预期：门童拉门的身段、服务生微笑的角度、check in 时被问的问题、普通房的形态和应有配备、大厅水晶灯与大理石样貌、早餐用餐时间限制……类似经验多了，住旅店就像办公，住客也成了流程的一部分，只要随指示前进，一一完成功课就好。在巴黎、在香港、在纽约，除非望见窗外景色，否则没什么太大分别。

如此并没有什么不好，若质量水平高超，那样的“统一”会相当令人安心，没有惊喜就没有失望，不用费神做额外选择。只是许多现代人胃口已被养大，就算是分秒必争的商务旅客，也会想在外宿这件事上跳脱日常。

过往拥有自己性格的旅馆，多数是从经营到设计都独立运作，少了重视获利与效率的“大老板”指指点点，才能自由发挥理想，做出独特感。但当“个性化”摇身变成那美味的“一杯羹”，受到追捧，就算是传统集团也会想尽办法找到新局，或者个性化旅店也能自成一国，成为新兴集团。

一九八四年开幕的纽约 Morgans Hotel，可说是为旅馆业开创了新局，在史蒂夫·鲁贝尔（Steve Rubell）和伊恩·施拉格（Ian Schrager）的力主下，邀来在年轻时作风就已特立独行的安德莉·普特曼，只花一年时间便打造出全球第一家“Boutique Hotel”（精品旅店）。

在 Morgans Hotel 里游走，时间越长，越能感受到普特曼的厉害之处。当年这间旅店据说是在资源相当有限的情况下建造，从物料到空间都有所局限。一般设计师或许会因此感到无法发挥而放弃，或只做个二流成果，但是普特曼并不因此粗制滥造，反而将创意与品位发挥到淋漓尽致，开拓出新的美学并成为经典，成就难以被突破。旅店内有部分家具还是由普特曼量身打造设计，仅此一处，无法套用在其他地方。

在 Morgans Hotel 之后，施拉格的酒店集团又陆续在英美开设多间精品旅馆，包括位于迈阿密海滩、由英国建筑师戴维·奇普菲尔德（David Chipperfiled）设计的 The Shore Club，以及由其最爱合作的设计师菲利普·史塔克操刀的 Royalton、Delano、Mondrian、St. Martins Lane、Sanderson、Hudson 和 Clift 等旅店。每一家都是独具个性的作品，证明即使是集团也能做出弹性。

看准个性化需求，现今各个国际大型酒店集团也开始征战此类市场，最常见的就是一方面保留原有品牌，保持一贯传统作风，另一方面又开辟新的年轻品牌，在设计与态度上与众不同。许多时候你以为来到一家只由夫妇胼手抵足、从里到外亲手建造的独立旅馆，正陶醉于自己独到眼光、不昧于托拉斯[1]市场时，其实它还是大集团底下的骑兵。

Starwood Hotels & Resorts Worldwide 底下就有九个旅店品牌，其中最大

1 托拉斯：trust 的音译，垄断组织的高级形式之一。由许多生产同类商品的企业或产品有密切关系的企业合并组成，旨在垄断销售市场、争夺原料产地和投资范围，加强竞争力量，以获取高额垄断利润。参加的企业在生产上、商业上和法律上都丧失独立性。——编辑注

01

01 奥地利 Loisium Wine&Spa Resorts 位在葡萄园间，建筑外墙铺着金属制网面，与天光相互呼应。

02

02 纽约 Morgans Hotel 在资源有限的情况下建造而成，创意与品位却发挥得淋漓尽致。

的 Shreaton 是西装老派代表，而 W Hotel 像是摇滚青年般的崭新形象，以时尚、创意设计、前卫艺术和流行音乐，吸引品位独具的高端顾客，并借由结合当地特色让每个 W 不尽相同（二〇一五年 Starwood 又被 Marriott International 所并购）。

“Design Hotels”是设计旅店的知名平台，收纳约三百家精挑细选过的独立旅馆，也已经和 Starwood 合作，让他们自由照自我性格经营之余，同样能享有集团增值服务与常客计划的资源。意大利古城里的 Sextantio Le Grotte Della Civita 外观与附近民居融为一体，内部建筑也尽量保持原始状态，但仍有精美的卫浴设施与高档服务，是兼具历史人情味与现代管理的特色旅馆。

奥地利的 Loisium Wine & Spa Resorts 是间隐身在有着九百多年历史的酒庄里的旅馆，同时是 Spa 乐园与葡萄酒博物馆。在欧洲，酒店结合 wine tour（葡萄酒巡旅）本不足为奇，但庄园主人特地邀请美国著名建筑师史蒂芬·霍尔（Steven Holl）主理设计，将仅是三层的楼房打造成坐落在葡萄园间的新艺术创作。一楼以玻璃打造，夜晚透着灯光，就如轻飘飘浮在田园之上，和周遭瞬息万变的天光相应。建筑外墙则铺着金属制网面，有如葡萄藤般包围延伸着，就算在寒冷的十二月造访，那雕塑般的建筑仍旧充满生命，如陈年红酒般充满浓厚诗意。在这里，处处都是感官不禁微醺的动人体验。

二〇一六年 Hyatt 也加入战局，成立 The Unbound Collection by Hyatt，

精选出能够提供丰富故事性、独特性，且服务与环境皆是上乘的旅店（二〇一六年九月前仅四家），以设计旅店来说，标准更是严格。

在商业流转间，如今个人化与标准化旅店其实已界线模糊，真正得利的，还是渴望尝鲜又精打细算的消费者。

Info

Morgans Hotel　美国／纽约	www.morganshotelgroup.com/originals/originals-morgans-new-york
Design Hotels	www.designhotels.com
Loisium Wine&Spa Resorts　奥地利	www.loisium.com
The Unbound Collection by Hyatt	unboundcollection.hyatt.com

02

大师设计也是好卖点

大师作品对我来说就像魔咒一般，已经不只是当个旅店住客那么简单，而是像回到学生时代，多了一份做功课的朝圣心情，以往在教科书或杂志里阅读时向往的场景，到现场又会有不同的立体震撼。

标榜星级设计的旅馆不少，尤其是财力雄厚的集团式旅店，现今人们喜爱搞出集合不同名家、跨国共同合作的混血成品，例如大楼是英国名建筑师新创，家具用的是意大利经典品牌，而室内装潢又是日本大匠的主意，虽然不乏出色成果，但最后不伦不类、令人眼花撩乱的也不少。

我想谈的，是从里到外、从建筑装潢到室内家具，都是由同一个大师专门打理，影响力足以传世的旅店，那也是每个设计师毕生的梦想。

一九六〇年运营的丹麦哥本哈根 Radisson Blu Royal Hotel，被视为世界第一家设计旅店，操刀手就是丹麦现代主义的国宝级设计师阿纳·雅各布森（Arne Jacobsen)，这算是他晚期的案子。即使你不认识这个名字，若见到 Egg Chair（蛋椅）、Swan Chair（天鹅椅）或 Ant Chair（蚂蚁椅）这几个家具造型，很可能就会发出“啊！原来是他设计的！”这样的惊叹。

雅各布布森的设计在当时备受批判、被视为荒谬，可以想见 SAS Royal Hotel 开幕时有多少负面评论，甚至有杂志认为它可以获得世界上最丑建筑的“殊荣”。但无论如何，雅各布布森还是说服了旅店经营者摆进他设计的所有东西，后来也证明了 SAS Royal Hotel 里面从桌椅到灯饰，那以简洁线条表达复杂曲线的机能主义概念，无一不成为到今日都热门极了的经典，一再被制作，旅店建筑本身也成了哥本哈根的地标。

只可惜那经典的源头已经过几次改装，最后一次是德国设计师主导，外观没什么变动，内里却几乎跟从前完全不同，只剩六〇六号房还保留一九六〇年代的原汁原味。我当然选择那间入住，即使那要花上我四千多元港币，也是值得。

现场比想象中还要简单，四方单薄的茶几绕着青蓝色的沙发与蛋椅，床铺被单已被洗涤多次、有些岁月感的靛蓝，窗户不似旅店，更如办公室的格局，衬起工业化壁灯却也合适，墙面则低调的挂有几幅关于 Radisson Blu Royal Hotel 的历史照片。若要说六〇六号房是博物纪念房，其实也没有刻意塞进雅各布森的大量作品，只是单纯保持原状，但这样反而更让人深入大师理念，像在他家客厅与之面对面聊着天，问他生前如何让业主力排众议、心服口服的独家秘诀。当然，我也没得到解答，否则现在也不会经常跟客户斗气。

不只整间旅店，有建筑师甚至获得了设计整座“城市”的机会。

如今功能主义迷谁不奉勒·柯布西耶（Le Corbusier）为圭臬，让他全权设计起一整间旅店，几乎是理所当然的事。不过，与其说柯布西耶完成了 Hotel Le Corbusier，不如说他在一九五〇年代的法国马赛建筑起一个空中

01

01 柯布西耶设计的 Hotel Le Corbusier 像艘巨型邮轮，每个房间都拥有无敌海景。

小区、理想都市，旅馆只是其中的一部分设施，商店、超级市场、食品店、托儿所、小区中心、健身室都在建筑中层的空中走廊地带，一应俱全，顶楼就如几何拼贴出的甲板一样供公众任意活动。我住的是旅店，却时刻抱着观光城镇的心情，那趟旅程也不用去马赛其他地方了。

现今的垂直城市摩天大楼，甚至香港一九六〇年代的集合公屋、太古商场，都是抄他的点子。

我倒觉得那更像艘巨型邮轮，柯布西耶也曾如此说过。Hotel Le Corbusier 的每个房间都拥有无敌海景，房间厨房、阳台、衣柜都有扶手，步入浴室也须经过高高的门坎，不知是不是这位极端理性的大师也天马行空起来，认为旅店总有一天也能化为大船漂流大海。

不过，虽然是经典，Hotel Le Corbusier 却是房价大众的二星旅馆，原来想亲近大师不一定要花大钱。

说到微型城市，不得不提意大利多才多艺的建筑大师阿尔多·罗西（Aldo Rossi）在日本福冈的 Hotel il Palazzo，那场面如独立于世的小城般，有街道纵横，也有舞台广场，还有源自意大利乡镇与日本福冈共同的小街小巷生活情调，各自独立、风格统一的小建筑与大建筑交错共居。虽然是结合不同著名设计师理念而成，其中街道两旁六家餐厅，又是由六位不同设计师主导，在罗西的意志下变得和谐、互不冲突。

另外必须要提的是澳大利亚建筑师凯瑞·希尔（Kerry Hill）。华人对他绝不陌生，中国台湾日月潭的涵碧楼便是他的手笔。据说他曾一再推拒青岛第二家涵碧楼的案子，但在老板三顾茅庐，并开出“尊重原创、不能改图、设计费不能杀价、不能催促进度”这样的条件后他才应允，这样的高度和气魄羡煞人也。

希尔对于材质运用的功力深厚过人，强调建筑须与自然共生，这点在两家涵碧楼都可以见到精髓。青岛涵碧楼大量使用了价昂的德国制铜质网片为立面材料，不是为显奢华，而是因其可以随海风吹袭与时间历练，逐渐蔓延出青蓝铜绿，如此，旅店成了不断演化的有机物，持续更新，只经风吹日晒便历练出越陈越香的艺术质感。

若嫌只在一个旅店遇见一个大师经济效应不足，那么就去西班牙马德里的 Silken Puerta America 吧！那里邀集了当代二十位重要建筑师，包括让·努维尔（Jean Nouvel）、扎哈·哈迪德（Zaha Hadid）、诺曼·弗斯特（Norman Foster）、马克·纽森（Marc Newson）、罗恩·阿拉德（Ron Arad）、矶崎新等，在同一条件下（每个房间都一样尺寸），各自自由发挥，主理一个客房楼层。我曾在那一次入住五天时间，每天选不同的楼层居住，其间次次搭电梯时都像个恶作剧的顽童般，每一楼层的灯都按上，探头出去望望走廊，过过干瘾也好。当然，check out 后也孜孜盘算着，下次要再住哪几个没住过的楼层。

像这样的一站式与大师深度交流，都需要花时间细细品味这些旅店，当个旅游住客之余，也别忘带上研究精神。

02

02 凯瑞·希尔设计的青岛涵碧楼使用德国制铜质网片为立面材料，旅店随海风吹袭与时间历练，成了不断演化的有机物。

03

03 Hotel il Palazzo 有源自意大利乡镇与日本福冈共同的小街小巷生活情调。

Info

Radisson Blu Royal Hotel　丹麦／哥本哈根	www.radissonblu.com
Hotel Le Corbusier　法国／马赛	www.gerardin-corbusier.com
Hotel il Palazzo　日本／福冈	www.ilpalazzo.jp
涵碧楼　中国／青岛	qd.thelalu.com
Silken Puerta America　西班牙／马德里	www.hoteles-silken.com/en/hotels/puerta-america-madrid

04

04 马德里 Silken Puerta America 旅店中由扎哈·哈迪德设计的客房。

03

精品旅店不是自己说了算

老实说，对我这种天生反骨来说，“Boutique Hotel”这个突然之间火红得不得了的词，我并不是很喜欢。精品，意味着精致品位，仿佛只要加上这两个字，麻雀也会立刻成凤凰，变得珍贵起来。

去一趟巴黎，整条街道满满都是写有“Boutique”的招牌，一走进去，小是小，却看不出巧在哪里的旅店所在多有；而有些门面装扮得很厉害，看似风格独具，真正入住却不怎么样，非常普通。在亚洲一些城市，还会发现二十四小时的色情钟点旅馆，大喇喇将“精品酒店”挂在门上，周围画了俗艳的玫瑰装点……

一九八〇年代，伦敦的 The Blakes Hotel、美国旧金山的 The Bedford，以及纽约的 The Morgans Hotel，开启了“Boutique Hotel”这个形式潮流，跟传统旅店比起来，它们个性鲜明且灵活巧妙，当时真是令人眼界大开，甚为惊喜。

如今，Boutique 成了泛滥过度的标签，只要是一百个房间以下的规模、加入一点个性的旅馆，都能宣传自己是精品。因为 B 货太多，一些真正撑得起“精品”两个字的旅店，其实已不喜欢被称为精品旅馆或是设计旅店，怕被误认为中看不中用，被冤枉是徒有其表。

若要为此平反，我想还得加上严格的内涵标准。能真正将有限资源以高超品位发挥出最大价值，并细心考虑到住客个人需求的，才能称得上是“Boutique”。

位于瑞士滑雪胜地策马特的 The Omnia Zermatt，一直是我心目中最喜爱的旅店之一，是我想放松身心时的秘密基地。它只有三十个房间，但不表示规模就不如国际五星旅馆，顶级游泳池、温泉 Spa、图书区（真的有丰富藏书）、健身设施和各种户外活动一应俱全。在我出发前，旅馆经理事先亲自写了封 e-mail，询问有没有什么特殊需求，第二次我入住时，他更像熟悉的老友般，保留了上次我吃早餐时最喜欢的餐桌位置，四天内都让我一人独享窗边的圆桌环绕式沙发，吃饭、写作或享受阳光，我想在那里待多久就待多久。

真正的精品旅店，能够用高明的设计和诚心的态度，把小空间营造得温馨自在。我曾住过斯德哥尔摩的 Ett Hem，它是一幢外观典雅的百年红砖屋，只有十二个房间的规模，但却让我整整四天都不想离开那个地方。屋主善用对比色调和出温暖的调性，将瑞典各地不同的家具和装饰，无论古典或现代，皆挥洒自如的混搭在一起，又不让人觉得刻意，品位非常高超。

虽然有其他陌生住客，但我在 Ett Hem 从不觉得拘束。书架上的书、冰箱里的食物可以随意取用，就算仅仅是坐在那些舒适极了的沙发上阅读一下午，到庭院玻璃屋躺椅上打个盹，听房客即兴弹琴，或使用桑拿，也都每一刻觉得放松，时光在此似乎停顿了，不知不觉间却又迅速流泻。下午出趟门，厨师还会探头出来，叨念着何时回来吃晚饭，如老妈对孩子般

01

01 米兰 Hotel 3 Rooms 集潮流概念店、艺术绘画、美食与旅馆于一身。

的关心，让我瞬间忘了自己是个游子，还以为是这豪宅家庭里的一份子，是他们的世交老友。

直到临行 check out 要拿出信用卡付款，我才惊醒原来自己的身份仍是顾客，回到现实街道时恍若隔世。

米兰的 Hotel 3 Rooms 只有三个房间，虽然身处颓废古老的旧城区，但绝不是随便的青年旅舍。当那边的住客简直受宠极了，才刚 check in，服务生随即奉上暖得刚刚好的毛巾，对千里迢迢到访的旅人来说，那温度和香气比刚出炉的面包还要诱人，顿时疲惫全消。供应的早餐，是 Food designer（饮食设计师）精心调配设计的 slow breakfast（慢食早餐），得花时间慢条斯理品尝才行。

Hotel 3 Rooms 其实是时尚界鼎鼎大名的 10 Corso Como（科莫大街十号）的一部分，原来是间有着古罗马风格的废弃汽车修理厂，由意大利的 *Vogue* 前总编买下后，与美国艺术家克莉丝 · 鲁斯（Kris Ruth）将之打造为潮流概念店、艺术绘画、美食与旅馆合一的环境，吸引许多时尚爱好者来此朝圣。成为住客的好处，就是能在夜深人静时，一个人占有、独享整个地方，任意逛游品评。

意大利索伦托（Sorrento）这个海滨城镇是热门旅游胜地，但我始终钟情 Maison la Minervetta 这个小型独立旅店。它的经营者是一对父子，儿子正好是室内设计师，拥有独到的眼光和品位，只是简单地使用蓝色、红色与白色等原色，加上他收藏的北非与地中海艺术品点缀，就交织出缤纷、温馨而高档的环境。通常我并不喜欢这类颜色混搭，却意外的非常喜爱这里呈现出的效果，若没有相当功力，很容易就变俗气了。

我最喜爱这家旅店角落的套房，双边都是湛蓝的海景，如入住漂泊于海洋的船屋之中，期待在熟睡后做一个航向金银岛的美梦。餐厅则温馨自在得令人流连忘返，充满童趣的玩偶和动物雕塑占据各个角落，旅店自家烘焙的糕点可以任意切成喜爱的大小，而开放式橱柜里的杯盘放得轻松随意。热情的厨娘穿梭其间，用高亢声调问你是否吃饱、今天又过得如何，如南欧阳光般让人招架不住，又直暖心头。

精心设计，品味人心，能令住客感受到经营者之爱的地方，才有资格称为精品旅店！

Info

The Omnia Zermatt　瑞士／策马特	www.the-omnia.com/en/hotel
Ett Hem　瑞典／斯德哥尔摩	www.etthem.se
Hotel 3 Rooms　意大利／米兰	www.10corsocomo.com/location-milano/hotel-3-rooms
Maison la Minervetta　意大利／索伦托	www.laminervetta.com

02

02 位于瑞士滑雪胜地策马特的 The Omnia Zermatt，是我想放松身心时的秘密基地。

03

04

03 意大利 Maison la Minervetta 使用红色、蓝色与白色等原色，加上北非与地中海艺术品点缀，交织出缤纷的环境。

04 在瑞典 Ett Hem 的每一刻都觉得放松，时光在此似乎停顿了。

04

用完美窗景留下最佳印象

窗景之于旅店，就如同呼吸。没有窗户的房间，就算面积再宽阔、空调再强劲、装潢再华丽，都让人感到压迫。而再小的房间只要有一扇好窗，质感和空间感都能俱增。窗户也是为住客独揽室外风景的框架，有时任何绘画都比不上那框框里的活色生香。

我很在乎旅馆房间的窗户是否真能开启，因为那决定我能不能让新鲜的空气流入室内，户外真实的气息也是居住体验的一部分，尤其是空调又很糟糕的情况下。香港虽然高楼林立，以前许多五星级集团酒店的窗户是可以打开的，现在不知是不是跑到旅店自杀的人太多，又或者雾霾日益严重，多数酒店已完全封死它们的窗口。

不只香港，世界上能大胆开放窗户的旅馆其实越来越稀少，有些旅店网站还刻意标榜了窗户是可以打开的，宣示对于身处环境的自信。在一些特别有环保意识的城市，也有更多机会能找到可自由开窗的旅馆，像是北欧或新加坡，形塑人们对于一个城市的绿色印象。

但若是窗外风景实在了得，或窗户本身就是件艺术品，能不能打开就不是重点了。由古水塔改建成的 Hotel im Wasserturm 里，我最爱的房间（也是设计师安德莉·普特曼本人的最爱）是 Deplex Suite（双层套房），其最吸引人的地方就是保留原貌的圆形窗户，与水塔圆形的外观相衬，造型又如教堂意象般带有庄严的感觉。从这扇圆窗延伸而内，靠窗书桌上有一个圆形的机关，上面以质感高雅的皮面覆盖，打开后立面是一面圆镜，里面则是个圆形的置物箱，而桌前那宝蓝色的椅子，椅背也是半圆弧状……设计环环相扣，除了让人赞叹普特曼的细心，也让窗内风光比窗外还要精彩。

拥有迷人窗外风光的旅店相当多，但许多人却忽略了，窗帘也扮演着窗户景观的重要角色。德国汉堡的25 Hours Hotel以一九七〇年代怀旧美学装饰空间，是cheap but smart（便宜却聪明）的典范之一，善用廉价物料，将之变幻得具有绝佳格调，房间里的窗帘以一条条垂挂的细链条组成，风起时会飘扬出海浪般的状态，以简约的线条创造繁复效果，也充满怀旧气氛。纵然窗外面对的是无聊的停车场，透过这样的窗帘望出去，却也切割出缤纷如万花筒的有趣景观。

我最不能忍受旅店将原本美丽的窗户和窗景，搭上不合时宜的窗帘遮挡，这时我会直接请旅店员工将窗帘换掉或干脆拿掉，宁可任光线大量暴露，也不忍心看到风光被破坏。反正，窗帘正是房间里容易拆卸的装潢之一，不是可有可无，但也不是非要不可。

米兰的Town House 12在设计上走的是laid-back（悠闲）路线，简单低调但也重视细节质量，只不过房间内那三幅美好的直立大窗，虽已有半透明帘幕遮隔，又画蛇添足加上蓝色布窗帘，我嫌它和室内整体感觉不搭，便请服务生拿走，顿时光线变得轻薄起来，气氛便好多了。

香港的The Four Seasons Hotel是我在香港想逃家时的另一去处。一次

我入住其 Grand Harbour View Suite（维港海景房），外头就是中环码头，拥有如巨幅国画般一百八十度窗景，可以饱览整个九龙，以及望到多半港岛，二十四小时播放着香港千变万化的迷人风貌。只是厚重如毡的帘幕就算收理到最底，仍旧裁截掉不少视野。我知道拆去那窗帘得花去不少力气，仍大胆做出要求，一个看起来十分年轻的服务生毫不犹豫地答应，也快速完成了这个麻烦任务，甚至在第二天，每个遇上我的员工都微笑着交代："您房间的窗帘已经搞定了！"可见他们还慎重其事地开了会、做了公告。那次入住我尽情享受完美窗景，也对这个旅店有了美好印象。

最让我沉迷的，是营造出如飘浮在城市空中似的窗景。当我浏览 The Ludlow Hotel 那个只呈现黑白影像的网站时，这个被称作"Skybox"的 loft（工业风）房型立刻引发我无限好奇，像是期待着魔术箱里跳出比兔子更精彩的表演。走入房间，转个弯，果然没让人失望，studio（单间公寓）般的空间一半是床铺，一半就是独立小客厅，被三扇几乎落地的大窗户所包围。旅馆网站描述这房间可坐拥一百八十度的曼哈顿景观，那是个不实广告，真正的现场其实是两百七十度才对！

只是，那些梦幻大窗上的窗帘又笨重，颜色又晦暗，我一进房间便想将之拆去，但从清洁大婶到前台经理都问过了，答案仍是坚定的"Impossible!（不可能！）"。为此我还研究半天，想偷偷自己动手，却不得其门而入，原来窗帘和窗户几乎是一体成型，非常可惜。

想在一间旅店内享用到最棒的窗景，最好的办法就是订到 Corner Room

(转角房)，许多时候可以得到两大面窗墙，拥有增倍景观，比任何装潢挂饰都还要赏心悦目。二〇〇五年，我在纽约的 Hotel on Rivington 还在 soft opening（试运营）时入住，第一和第二个晚上都没住到 Corner Room，第三天心一横，多付约一百多美金，才转到十二楼套房角落房，那景观也没让我失望。白天，横跨帝国大厦与布鲁克林、如立体明信片的场景就在眼前；黄昏时，天际橘红混着粉紫的色彩划过纽约的新与旧，动人心弦；而到夜晚，天空虽一片暗灰，城市却如倒转繁星，收人魂魄的气韵令人只想目不转睛，那些知名大楼的线条比白日更耐人寻味。专属于纽约的面貌，从那两片落地玻璃就可尽览无遗。

在柏林的 Ellington Hotel 里 Tower Suites（塔楼套房）那占据三面墙面的水平长条窗（Ribbon Windows)，我眺望着邻里百况，像极了骄傲却生活神秘的封地领主，几乎不想从幻想中醒来。

最怕的就是遇到伪装成窗户的窗。有一次我意外入住莫斯科的 Artel Hotel，外观是极富古典莫斯科特色的鹅黄建筑，然而走进旅店后，那反差就有点诡谲惊悚：从走廊到楼梯间，墙面上尽是颜色强烈的涂鸦和画作，衬着阴绿惨蓝的探灯，混搭着单看其实十分美丽的彩色浮华玻璃吊灯，加上楼梯垂挂的铁链，有种说不出的毛骨悚然。走入房间才发现没有空调，仅有天花板的工业吊扇勉强提供空气流通。我想开窗，却发现原来那透着昏黄灯光的窗户是假的。那一夜，我自己花钱，把自己关进一个假装是旅馆的牢房。

01

01 香港 The Four Seasons Hotel 的房间，窗外二十四小时播放着千变万化的迷人风貌。

02

02 在纽约 Hotel on Rivington 的角落房，白天可看到横跨帝国大厦与布鲁克林、如立体明信片的场景。

Info

Hotel im Wasserturm　德国／科隆	www.hotel-im-wasserturm.de
25 Hours Hotel　德国／汉堡	www.25hours-hotel.com
Town House12　意大利／米兰	www.townhousehotels.com
The Four Seasons Hotel　中国／香港	www.fourseasons.com
Hotel on Rivington　美国／纽约	www.hotelonrivington.com/Rooms-Suites
Ellington Hotel　德国／柏林	www.ellington-hotel.com

05

用心设计客房走廊，巧妙转换住客心情

对外发表的旅馆图片中，很少见到客房走廊的踪影，因为它们多数无聊、晦暗，有时与整体设计完全不搭、没有关联，反正就像公路隧道般，让人只想快快通过到达光明彼端，找到房间，似乎没什么好表现的。然而那条介于旅馆公领域与私领域间的空间，却扮演着转换住客心情的角色，我对于房间的兴奋心情会在这里逐渐加速，直到打开房门那一刻到达高峰。

要找到一个令人印象深刻的客房走廊设计，其实非常难得，若连此处都花了心思，那旅店真的就是顾虑周到了。

上海的 The Puli Hotel & Spa 客房走廊的灯光是由墙面底部发散的，不但没有一般天花板投射灯发出眩光的缺点，也让环境显得柔和温暖，墙壁是宁静放松的藤蔓景象，更惊喜的是，到了夜晚，电梯出口的厅堂处会出现竹影摇曳的投影，如入禅境。就算有方向指引，要在晦暗廊道间找到自己的房号时常不太容易，但这里贴心的将门牌立于行走时面对面的角度，并透出光线，让人一眼就可明辨。

和德国科隆大教堂正面相对的 Excelsior Hotel Ernst，拥有近一百五十年的历史，曾历经两次战火而屹立不摇，经过漫长的修复整容并加入新元素后，既保有经典风味又舒适讲究。这个旅店细致到连洗手间的垃圾桶都与众不同，是我见过最漂亮的。而它的客房走廊是一见难忘的贵族蓝，投射的光影既优雅又活泼，和一般老酒店常见的黑暗残旧大相径庭。

Ku'Damm 101 虽然不是大师设计，却吸取了柯布西耶的设计精华，在颜色运用上也相当有理念。旅馆一楼楼层走廊是用迷幻的粉红灯光，引领人游走于虚幻与现实之间，然而它并没有忘记看不见颜色的人，墙壁设有为视障人士指引方向的立体动线，非常体贴暖心。我虽看得清楚，经过时还是忍不住触摸着前进。

中空透天式建筑的走廊不用什么装点，本身就有许多风景可看，中庭内人群活动、餐厅杯盘碰触的声音也可以增添生趣。美国建筑师约翰·波特曼（John Portman）是这类格局的先驱，特别是他为 Sheraton（喜来登）设计的旅馆，例如在卡塔尔首都多哈一九六〇年代时开幕的酒店，以及位于美国得克萨斯州达拉斯（Dallas）、加拿大蒙特利尔（Montreal）等地的 Sheraton Hotel，都有如此的空间风貌。

吉隆坡的 Hotel Maya 也是一幢井字形、中庭直通天光的大楼，有旅馆也有办公室进驻，站在任何一层房间走廊上，都可以看尽整幢建筑的核心，在空间与光线的穿透下，有别于一般传统旅馆走廊的局促。

纽约的 Morgans Hotel 是我最喜欢的设计师安德莉·普特曼的作品，是精品设计旅店的先驱。普特曼最善于利用廉价的物料，营造出令人难忘的效果，例如她在这里就用了美国普遍常见的黑白磁砖，出现在从电梯一直延伸到走廊的线条上，最后也出没于房间浴室中，让不同的空间有互相

呼应的效果。只是搭配光线，没有多余装饰，客房走廊就散发着神秘色彩，令我想多驻足一会儿，感受设计师不放过任何细节的深度。

许多旅店会在客房走廊放上画作或照片突破沉闷，但大部分是廉价或可有可无的复制品，并不起眼。比起平面装饰，我个人则偏好立体艺术品，一来它们通常可以在短时间内抓住人们目光，二来可以充当部分屏风功能，增加私密性。

Vigilius Mountain Resort 是意大利自然建筑师马蒂奥·图恩（Matteo Thun）的第二个旅馆作品，算是新手的他在处理上已经十分出色。他善于就地取材，利用阿尔卑斯山脉土产的废弃树木、松木和夯土等天然材质，让旅店从里到外的质感与色调与四周景致自然融合。室内大胆点缀以深红色的窗帘或椅套，增添对比性与高档质感，一片素净的长廊间摆设了彩色小型人偶雕塑，姿态百趣，更有画龙点睛、打破陈规的效果。

首尔的 Park Hyatt 走廊上摆了各式各样的古董艺术品，不仅供人欣赏，喜欢的话甚至可以买下来。我入住时忍不住走遍每一层客房走廊，像是尽情参观博物馆，想象自己是苏富比买家。

虽然客房走廊容易被忽略，过度重视却极可能造成一场视觉灾难。新加坡某间五星级酒店，外观是栋百年建筑，前身为邮政总局大楼，古典而富丽堂皇的模样正适合法式风情，夜间灯光打亮时，旅馆建筑就像走上时尚伸展台上的超模般绚丽迷人。但走入客房长廊时，我却起了鸡皮疙瘩，一路上布置着粉红色蕾丝布幔和粉紫色地毯，虽然曾有设计师将这两种颜色发挥得气质典雅，但这里显然并非如此，反像是十七岁故作浪漫的少女，穿戴满身蕾丝，不分场合发出尖锐的咯咯笑声般不讨喜。

就算是我非常喜爱的旅馆，在客房走廊设计上都可能发生灾难。柏林的 25 Hours Bikini 在各方面都有趣极了，就是客房通道实在太暗，用上各种对比色的霓虹灯门牌又过度招摇，令人眼花撩乱。

Info

The Puli Hotel&Spa 中国／上海	www.thepuli.com
Excelsior Hotel Ernst 德国／科隆	www.excelsiorhotelernst.com
Ku’Damm 101 德国／柏林	www.kudamm101.com
Hotel Maya 马来西亚／吉隆坡	www.hotelmaya.com.my
Morgans Hotel 美国／纽约	www.morganshotelgroup.com/originals/originals-morgans-new-york
Vigilius Mountain Resort 意大利／拉纳（Lana）	www.vigilius.it
Park Hyatt Seoul 韩国／首尔	seoul.park.hyatt.com

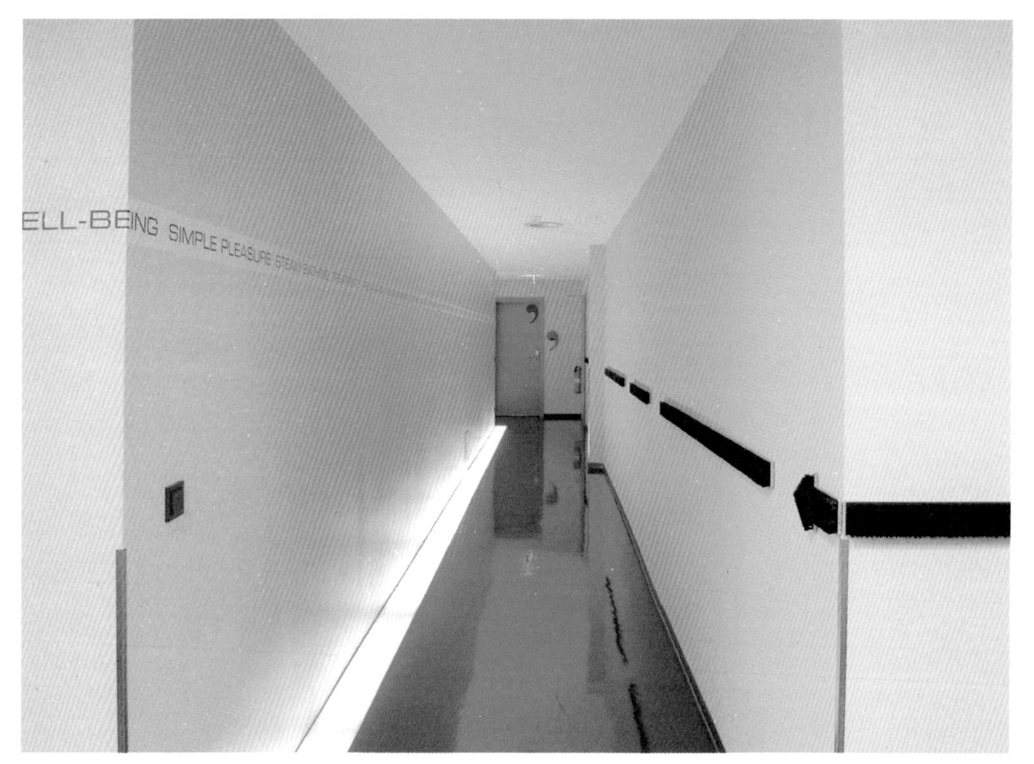

01

01 柏林 Ku'Damm 101 的走廊用的是迷幻的粉红灯光，墙壁还设有为视障人士指引方向的立体动线。

02

02 意大利 Vigilius Mountain Resort 的素净长廊间摆设了彩色小型人偶雕塑，有画龙点睛的效果。

06

好设计让旅馆有本事变老

做室内设计工作这么多年来有个经验，多数人对自己每天面对的家，有着“五年之痒”这个魔咒，面对日复一日的面貌开始生厌，不少地方也有脏污或剥落，于是至少换换窗帘、重新油漆一番，小小的改变都能再造新鲜感。而后是“十年之离”，还不搬走的话，一场大装修经常是免不了的。

尤其在香港，买不起新房，那就花少一点钱换掉旧装，无奈的人生或许换不了，那就变换眼前的居住空间，至少还有一点希望。

旅馆也有这样的潜规则，但因为人来人往或商业考虑，走极端的也不少。有些旅店开幕个一两年就得花工夫大做修复，多半是当初偷工减料不堪使用，有些却半世纪都汤药不换，甚至把这件事当作自己最大优势。

德国柏林有许多这样“固执”的旅店，从最初开始设计就已经想得非常清楚，以成为经典为目标，只须做维持原貌的修复。那样的旅馆，永远都是一九八〇年代之前的样子，就算沙发有点破损，门框有了踩踏的刮痕，都不会令人嫌恶，觉得是时光自然造成的痕迹，越老越有味道。像是柏林的 Askanischer Hof、Hotel-Pension Funk 和 Patrick Hellmann Schlosshotel 等，入住时会发现或许某处门把坏了、某面壁画油漆剥落，或者某个抽屉打不开，但它们与住客们似乎都不以为意，反倒散发着岁月才能刻画的独一无二的魅力。

大师凯瑞·希尔有许多作品就是盖来放老的，台湾的涵碧楼（The Lalu）使用大量缅甸柚木，随着人们的触摸使用和风吹日晒，会缓缓蜕变出有机生命感的样貌，随着年纪添增，风韵反而更迷人，越活能量越强。

虽然上了年纪，一九五六年开业的上海和平饭店风华依旧，就算经历易主经营修复重整，也力保不改其味。除了因为最初的设计用料十分好，它在上海人心目中更是无可取代的老朋友，生命中有许多重大记忆都在此发生，改得过头就不对味了。就像那些过去心目中的偶像女神，要是怕老而大整特整，反而叫人唏嘘。

当然不是所有旅店都有本事变老，若房间闻起来有点霉味，家具也开始残旧，住起来就是不怎么舒服，那的确该好好修整，才能延长生命效期。然而或许预算有限，又或许经营者真的只把旅馆当作是人们一夜的临时居所，不少光怪陆离的现象就产生了。

巴黎的小型旅馆经常在做 soft renovation（软装修），但总是把精力花在大厅或公共空间，一入门觉得耳目一新，住了才知是想掩人耳目，房间一点都没有装修，老气沉沉、持续腐化。那外强内弱的落差，常令我气结到立刻退房，重新寻觅别家旅馆。

更有许多旅店的确连房间内部都翻新了，但打开浴室一看，还是残旧过气的原状，根本搭配不上。毕竟改装浴室的花费最是昂贵，反正住客最后才会看到，似乎没那么重要。但对我来说，那旅馆是要大打折扣了，就像穿了名牌上衣，下身却只有一条街市买的花内裤，挺尴尬的。那样不上

01

01 涵碧楼使用大量缅甸柚木，随着人们的触摸使用和风吹日晒，以及年纪添增，风韵反而更迷人。

不下、吊着半条命还持续喘息的地方，大概就先列入我的黑名单中，等旅馆内外都打理好再考虑解禁。

最让人遗憾的，就是原本非常好的旅馆，重新装修后却变得糟糕，整形失败，如冤死般非常可惜。荷兰有家著名的老旅馆，原来房价与环境都令我非常喜爱，虽旧也旧得风情万种，因为换了东家而重新改扮为房价高昂的“奢华酒店”，内部有了新家具、新壁纸、新气象，旧瓶装新酒，然而却已不对味了。

旅店是长寿、是短命，除了一开始打好的基础，后天如何维护的用心和眼光也是关键。或许我该设计一个实验旅馆，能够分成好几个层次规划，有的楼层能百年弥坚，有些楼层能随时做小改动保持新鲜，有些部分可以每几年整个轻易拆掉重建，生命可长可短随人掌控，皆大欢喜。

Info

Askanischer Hof　德国／柏林	askanischer-hof.hotel-in-berlin.org
Hotel-Pension Funk　德国／柏林	www.hotel-pensionfunk.de
Patrick Hellmann Schlosshotel　德国／柏林	www.schlosshotelberlin.com
涵碧楼　中国／台湾 · 南投	www.thelalu.com.tw
和平饭店　中国／上海	www.fairmont.cn/peace-hotel-shanghai

02

02 一九五六年开业的上海和平饭店，虽经历易主重整，仍不改其韵味。

07

club floor 越大方，旅客越有尊荣感

住进规模比较大的酒店，要是特别想要避开人群，或者累积到足够会员积分，我会尝试 club floor（俱乐部楼层）的房间。那里就像旅店之中的旅店，也像机场中的商务贵宾室，理论上能得到比较 VIP 的环境与服务，弹性也比较多。

普遍而言，club floor 房间会有几个不同于一般套房的“特权”，包括免费早餐、傍晚两小时鸡尾酒时光、无限供应的咖啡与茶、两件衣物洗烫服务、两个小时的会议室使用时间。其实要加的费用并不算太多，却可以多些隐私。

好的 club floor 应该是要大方的，我在上海 The Puli Hotel & Spa 入住时，印象最深的就是当多数旅馆只提供上限两件衣物免费烫洗服务时，它则提供十件，更会包装得像是精品店礼品般送回，我一天不过两三件衣衫需要更换，似乎吃亏了，或许有人会因此想多带个行李，从家中搬来所有冬天大外套贪个便宜也不为过（现今已改为五件，但仍比其他旅馆多）。除了软饮料，旅店房间里也一定摆了新鲜开瓶的高档红白酒各半樽，那画面真是让我心情大好。

The Puli Hotel & Spa 的 club floor 概念也相当创新，基本上没有界线分明的实体 club，但整间旅馆都是你的 club ；住客可以不另加费用、不限时

01

01 上海 The Puli Hotel & Spa 虽然没有实体的 club，但整间旅馆都是你的 club。

间，到大厅酒吧喝酒、到餐厅用餐，虽然是使用与大众不同的酒单、菜单，但选择已非常齐全。此外，只要提出机票做证明，check in 与 check out 也可以随个人需求作调整。

首尔的 Shilla Hotel and Resort 酒店餐饮更是让人满意，鸡尾酒时间比一般多了两个小时，足足从晚上六点开始一直到十点钟，食物份量与水平都跟一个高级餐厅差不多，根本不须再外食。

并不是放了酒就能叫我满意，有一次入住美国芝加哥某个五星级酒店，club floor 房间里也提供红白酒，却是超市里最便宜的品牌，味道和装盛的状态也像喝剩的隔夜酒，不放也罢。

在 club floor 里，服务生或经理与住客面对面的机会也比较频繁，这时工作人员的态度就有非常大的影响力，试想他（她）一天会遇上同一个客人许多次，每一次都得想办法搭话，便需要非常专业的训练和优秀的个人特质。我在新加坡的 Park Royal on Pickering 住宿时，club floor 的服务生总是与客人有许多互动，充满幽默感和亲和力，会关注我的饮食偏好、爱喝哪种酒类，并鼓励我多吃一些、多喝几杯，就算是昂贵的香槟也绝不眨眼，就怕旅客不够尽兴。

首尔东大门附近的 JW Marriott，友善的服务态度也令人印象深刻，club floor 的服务人员可以和客人交谈长达三十分钟以上而不缺话题，就像是了解至深的朋友。

厉害的 club floor 服务者在核实客人身份时，是不需要问房号的，由于房间数较少，他们会尽力在 check in 时记住每个人的面貌，甚至姓名。若要询问，什么时候问、如何问都有高低之分，最糟糕的，就是每一次遇见我都问是哪间房的客人，那经验令我气恼许久。

人们总期待在 club floor 得到真正特殊的尊荣待遇，如果只是多杯咖啡、多点零食，就失去入住其中的意义了。

Info

The Puli Hotel & Spa 中国／上海	www.thepuli.com
Shilla Hotel and Resort 韩国／首尔	www.shillahotels.com
Parkroyal on Pickering 新加坡	www.parkroyalhotels.com
JW Marriott 韩国／首尔	www.marriott.com/hotels/travel/seldp-jw-marriott-dongdaemun-square-seoul

02

02 新加坡 Parkroyal on Pickering 的 club 位于顶楼，可在恬静的气氛中饱览花园城市景观。

03

03 首尔的 JW Marriott，club floor 服务人员友善的态度令人印象深刻。

有如红灯区的旅店

有些人住旅店会碰上一些“灵异事件”，这个我倒是没有经验，但让人从骨子里发毛的“潜规则”倒是遇过不少。

曾在三亚开研讨会时入住高级旅馆，晚上便有员工突然敲门，不是为了送餐或打扫，而是一脸神秘地轻声问道：需不需要 special service？在青岛、上海、东南亚与中南美洲也都有类似经验，甚至是国际五星级酒店，明目张胆、内神通外鬼的状况并不稀奇。有一次凌晨我才刚入旅馆大门，就有气音飘来：“要不要小姐？”诡异的程度好比睡到一半感觉有只手在床脚拉扯，我顿时背脊僵硬。

更夸张的一次是在上海的一家五星级酒店，我打开自己的房门，就有个笑咪咪的红唇妈妈桑尾随着我，一路纠缠着询问需不需要特别服务。想叫保安，又担心他早就是《无间道》中的角色，黑白通吃。

最常见的是晚餐时间过后，酒吧里突然会出现穿着艳丽、如洗过香水澡的年轻女士，一看便知不是住客，遇上男客人会主动接近攀谈。原本气氛宁静高档、播放古典乐的环境，也会突然有五彩 disco 灯打转，性感音乐奏起，只差没有老鸨尖声高调迎客。

更过分的，除了酒吧空间，也有旅店在所有公共区域都可以碰到疑似特殊工作者到处走动……人也是旅馆设计的一部分，即使是国际大师操刀精心打造，若遇上这样极不搭衬的情景，我只好在笔记上打个不及格的分数，附注："此处危险，有鬼出没！"

Chapter 3

有感服务，旅馆更有温度

01

客房服务要避免过犹不及

贴心，其实是难以掌握的心理战术。不足便嫌忽视，不够了解对方需求、过头了，又可能会造成对方负担，成为看似甜蜜其实苦涩的压力，好比爱情刚刚萌芽时追求的力道，有如捧着一颗易碎的鸡蛋，得小心翼翼，维持又近又远刚刚好的距离。

客房服务就像在获取住客芳心，需要深厚的智慧和经验，才得以一举追求成功。

有些酒店为了表现用心，会仔细记录客人喜恶的事物，例如对水果的偏好、对什么样的食物或物品过敏、习惯打扫的时间，通常这样的举动很讨喜，让人感觉受到关注和照料。不过，若是太过制式，不再进一步做了解和调整，就不一定能抓住客人真正所需，甚至适得其反。我曾在入住一家五星级酒店第一天时，只吃完水果盘里的香蕉，自此服务人员或许以为我是爱蕉之人，从此每一天都摆上许多香蕉。虽然我的确挺爱这种水果，但天天吃不免觉得厌腻。

通常人们喜欢看见房间内有意料之外的服务，但是太过多余，更可能让人不知所措。我曾住过青岛一家服务至上的旅店，重视到还出版了一本专著，放在房间床头，就为了让住客知道其在服务上有多呕心沥血。里面提到一个故事让我印象深刻，就是当某个住客生病时，旅店人员不但送他到医院看病，一路相陪，还特别调制养身的煲汤给他，时时嘘寒问暖……那状况应该是感人的，我读起来却觉得有点诡异，若我是生病的那个客人，恐怕并不想接受比妈妈还周到、过分黏腻的好意。

而那家青岛旅店房间里不大的桌面上，也摆满了各式各样为住客“着想”的东西，像是地图、旅游书、放大镜等，满到再也放不下自己的私人物品。泛滥的贴心，有时比不贴心还要扰人。

客房打扫后，最容易看见服务人员的性格，和对人心的掌握程度。有的旅店清洁得非常彻底，也整理得井然有序，将散落一地的衣物折好放在行李旁，书桌上凌乱的充电器电线用束带绑齐，还会将浴室里我自己带来的保养用品排得如化妆品置货架般工整……清洁者本身非常可能有严重洁癖，也被训练得谨守规矩。

只不过，太整齐也会是问题，不是每个人都能对这样的完美感到赞赏。对我来说，如此一丝不苟常会演变成过于“啰嗦”，像个监控儿子衣食住行的怪兽爸妈，不太尊重住客原有的习性。我其实只想让摆在书桌上的用品保持原状，自有乱中有序的规则，也不想花费精力解开那些难解的束带，因此过度整理会造成我不小的困扰。

我习惯将保养品的罐子横放，也会把发胶、牙膏等不能抹在皮肤上的盥洗用品与护肤品分别摆在洗手台两边，但有个清洁人员总是“尽责”地把所有瓶罐立起，也自以为是的把所有产品都放在同一边。尽管我每一日都照自己的方式置放，暗示不要打乱，但她依然故我。

01

01 北京 Park Hyatt 的工作人员在我随意放置的书中夹了精美书签，这样贴心的服务，令我感动许久。

个人的癖好与性格或许不容易拿捏，尤其彼此又是几乎陌生的关系，但若是真正细心的清洁人员，就能观察出住客某些“原则”默契，而给予隐私弹性。要是遇上这样冰雪聪明、知道“需要清除”与“保持原状”间该如何平衡的服务人员，我的小费自然会多给许多，甚至希望每次都能指定由对方打理。

浴室盥洗用品的数量，也可以看出旅店待人的EQ。所有产品至少给两套是基本，但要是观察到某样东西用量较快，细心者就会知道要再多给一份，不必等住客费事要求。

遇上一个了解自己的服务人员，有时就像遇上知音般令人欢喜，适度而沉默的贴心，会让旅人由衷感到温暖。

我是北京Park Hyatt的常客，如今旅馆大多数工作人员都认得我，并且了解我的脾性。不过，我头几次入住这家旅店时，就已经有了深刻体验。我总是随身带书阅读，匆促出门，有时就把书随便展开倒放搁在床头，等我回到房间，书已被合上，而之前翻阅到的页面被夹上精美的书签……一个小小的无声举措，却令我感动许久。

我也相信那样精明的客房服务者，也会看情况做事，若是涉及隐私的书籍（如日记，或某类不希望别人知晓和窥视的内容），便知道要视而不见，忽略而过。

一句无声的“我懂你”，就是客房服务的最高诚意。

Info

Park Hyatt　中国／北京　　beijing.park.hyatt.com

充满惊喜的服务

有些服务是在预期之外的，或许是一个想都想不到的贴心之举，或者是个摸不着头绪的神秘行动，又也许只是为你一人而设的默契，这些都是令人悸动而难以忘怀的体验，像某次精心设计的生日惊喜。

东京 Park Hyatt 将日本细心到龟毛的性格发挥到极致，无论什么都是干净完美的，连长桌上的杯子摆放时都要用尺来量度，差一公分都不行。我在那里买个清理衣物灰尘专用的暗褐色毛刷，说明只是自用，简单打包就好，服务生还是以一层层美丽的和纸，像在对待珍珠般轻手轻脚地包装着，我拿了也舍不得拆开。

一次我在 Park Hyatt 里的美式餐厅用餐，那里有个开放式厨房前的吧台位，我坐在正中间，可以清楚欣赏厨师忙进忙出、制作食物的生动画面。之后我将照片寄给旅馆当纪念，第二次我再入住并到同一家餐厅时，侍者没有多问，马上就帮我安排与照片一模一样的位子，当时几乎满座，可见是专门为我而留。

住旅馆时，我早上总会试试它们的现做咖啡，经常会打电话叫 room service 送进房间，然而入住摩洛哥的 Hotel El Fenn 时，我一通电话都没打，也没通知过服务生，更没有要求 morning call（叫醒服务）或告知起床时间，每天不同时刻打开房门后，却看见一壶热腾腾的咖啡精准地放在托盘上，等待我取用。那时机与咖啡的热度都算得刚刚好，我到现在都想不到那旅馆是怎么与我心有灵犀的，难不成在我身上装了追踪器？

有一种服务上的惊喜，可以瞬间扭转劣势。一位品位高超的女性好友，有次入住香港 Mandarin Oriental 时，原本因为某个服务失误气乎乎一整天，扬言不再光顾，晚上回到房间后，突然看见一大束花出现在眼前，至少用了一打顶级红玫瑰，她的气马上就消了，还乐不可支地告诉我旅馆有多棒、多甜蜜，以后一定是它忠实的拥护者……我看着这位在中国商场呼风唤雨、众人又敬又怕的 CEO，为此小小举动雀跃得像年轻少女，不禁对旅店经理能准确投其所好而万分佩服。

不过要切记，送花这招只限爱花女士，千万别用在对花过敏的我身上，适得其反啊！

01

02

01 住在摩洛哥的 Hotel El Fenn，每天不同时刻打开房门，居然都有一壶热度刚刚好的现做咖啡。

02 东京 Park Hyatt 为我在美式餐厅留了专属的座位。

02

越是高科技，越要简单使用

在旅馆世界里，传统与现代并存的状态已相当常见，无论百年旅店或新起之秀，附无线wifi已是基本，将check in流程服务交付计算机蔚为趋势，工作人员人手一台平板电脑、目露蓝光随处服务的景象也不再稀奇。

科技运用上做得最好的无疑是半岛酒店，努力维持经典风范、人情味十足的它，另一方面也勇于求新求变，甚至在香港还拥有一间独立的科技部门，仅仅专门为其全球十多家旅店规划设计电子服务，企图心远远超越其他国际连锁旅馆集团。在这方面它唯一的竞争对手只有自己，每一次有新的半岛酒店开幕，就会用上更升级的科技服务系统。

记得许多年前手机还未普及的时代，在东京半岛酒店的房间，墙壁上就看得到能显示室外温湿度、风速，甚至UV（紫外线）强度的电子仪表。如今入住半岛酒店，一进房间就可以看到“私人管家”端坐在床头待命：两台散发未来质感的平板电脑，并非iPad等现成品，而是半岛酒店独家研发的产品。我不用到处摸索调整灯光的按钮（或是一一搜寻每一盏灯），也无须烦恼收音机与电视机的控制器在哪里，更不用戴起老花眼镜端详电话上那细小的服务台拨号号码，连窗帘都不必费劲拉扯线卷……所有想得到的客房服务，都整合在平板电脑中一触可得，而且那平易近人的接口和操作方式，不要说我的小侄子，连我年近八十的父母都能轻松使用。

有一次我住进香港半岛酒店，父母和姊姊一家来参观并一起用餐，因为每个人口味和兴趣不同，就不去餐厅、留在房间，在电脑屏幕上点好每个人各自想吃的餐点，没多久，我们就可以入座八人大餐桌，享受满足一家大小脾胃的晚餐，就算要加个冰块，也是滑几下手指、五分钟内就有人送进房来。要是在外头餐厅，有时举手举到酸痛可能都无人理会。

越是高端的科技，越需要简单设计以融入人群，半岛酒店非常了解这个道理。

我曾入住上海位于知名国际金融大楼上的旅店，商务人士来往频繁，应是非常讲求效率，但我在使用房间的 DVD 设备时，研究了一个晚上却不明所以，只好求助柜台经理，他似乎早就知道有这个问题（或是太多人已有相同困扰），马上从桌下掏出一张密密麻麻的说明书，请我照做就好，然而上面十多个步骤搞得我更是眼花撩乱，最终只好放弃……住宿东京半岛酒店时则是完全不同的体验，DVD 设备上有个亮灯的按键，只须按下一个键，从电视机开启到 DVD 设备运转，一次搞定，我只要把要看的光盘放入即可。身为设计师的好奇心驱使我打开电视柜后部研究，发现后面竟是一堆复杂如纽约地下水道的接线相互交错，和前头使用的素净接口形成强烈对比，旅店化繁为简的心机与工夫，顿时令我相当佩服，也觉得感动。

除此之外，从上海半岛酒店开始，房间里还可以使用无线 VOIP 免费国际网络电话，冠绝全球。这个旅店就像是一位贵族老绅士，却从不退出

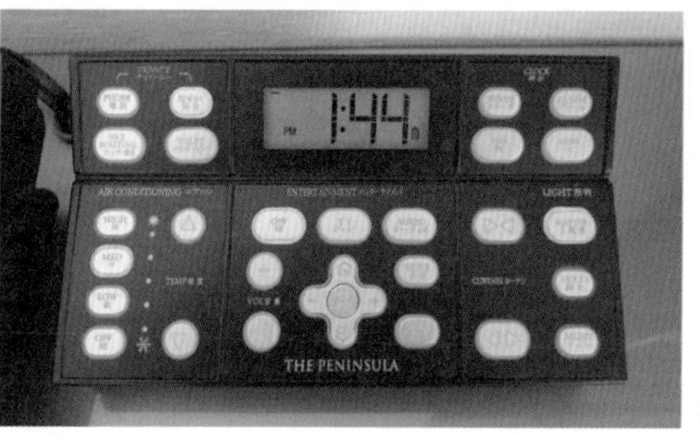

01

02

01 半岛酒店将想得到的各种客房服务或功能，都整合在方便操作的平板电脑上（左）, 过去使用的是电子仪表（右）。
02 纽约 Yotel 的 check in 过程都自动化了，有机械手臂为住客搬运行李。

03

03 巴黎 Hotel Gabriel 早上会自动调整灯光、播放音乐，温柔地唤醒旅客。

流行，拥有未来科技视野，不计成本放眼未来，既是众人仿效的经典，也是不断学习的新生，这就是它永保传奇的秘诀。

然而不是所有人都懂得这个道理，有些旅店只把科技当成包装，却徒增住客麻烦。新加坡一家五星级旅馆房间里有台平板电脑，看似大方，但其实只有控制灯光等数样功能可用，要开启电视、空调、致电服务台，依旧得使用传统手动方法。因为旅馆硬要勉强走在时代前端，导致我一会儿要用计算机，一会儿又得到床头寻觅按钮，变得更忙碌、更浪费时间。或许之后它会一步步整合起来，但那次经验已让我留下疲劳的住宿印象。

有时不用追求高调，一个小小的聪明科技，就可以产生与众不同的效果。巴黎 Hotel Gabriel 早上会以自动调整灯光和播放音乐的方式，取代闹钟和 morning call，轻柔地唤醒住客，令人一起床就心情愉悦。

善用科技，除了可以提升服务质量，对于许多经济型旅店（budget hotel）来说，也可以用来节省资源成本。一进纽约 Yotel 的大门，迎接我的不是制服笔挺的门童和金色行李推车，而是一个如月球作业员般的庞大机械手臂，不费吹灰之力地为住客搬运行李。整个 check in 的过程也都自动化了，收取门卡的过程，就像是到航空公司自动柜员机拿取机票一般。到美国总是要记得随处给 tips 免遭白眼，这下好了，省下许多付还是不付小费的犹豫和工夫。

媒体预言许多高端工作将被机器完全掌握，如今科技越来越人性化，也能取代许多人工，但我认为至少对旅店业来说，科技只能是附加角色，终究取代不了人性，按下键盘、滑动手指之后，希望来为我奉上餐盘、招呼挥别的，仍是一双有温度的手。

Info

The Peninsula Hotel	www.peninsula.com
Hotel Gabriel 法国／巴黎	www.hotelgabrielparis.com
Yotel New York 美国／纽约	www.yotel.com

03

称职的旅店经理，就像久违的朋友

旅馆网站或宣传单上，多数可以看见硬件设施的介绍，像是舒适的名牌床垫、健身设备、豪华餐厅或高科技服务等，当然这些都有吸引力，然而我认为能让一个旅店之所以成为好旅店，“人”的因素才是关键。一段关于旅店经理恳切的自我介绍，比一张富丽堂皇的大厅照片有魅力许多。

数百个房间的大型酒店或许机会较少，但我若入住中小型的旅馆，真的会希望起码能和总经理（General manager）碰上面。从总经理的态度和身段中，我可以感觉到此处是否有再次入住的价值。而一个尽责的旅馆经理，就算再忙碌也会客人相遇，他代表的是旅馆待客的心意。

我住过京都的 Hyatt Regency 五次了，至今还记得经理的名字是 Ken Yokohama，因为我一天起码会碰见他三次以上，每次他都可以找出很多话题与我从容谈天。我曾开玩笑对他说：“好像跟你见面都不需要预约。”这位永远面带温暖微笑的 Yokohama 先生则轻描淡写回答：“应该的。”态度温和有礼，完全没有距离，就像是我每日都会遇到的杂货店老板邻居，因为理解我日常的步调行程，自然而然地就与我闲话家常。

我最怕有一种经理，虽然是亲身走过来与你握手，可是总能感觉到他的仓促和勉强，千篇一律的就是“欢迎您的光临”“用过餐了吗？”或“希望您有个愉快的住宿经验”……有时会加上“有什么疑问可以找我”这句客套话，但并没有递上名片或写下联络电话的动作，那态度其实就是“有什么疑问请不要来找我”。

和客人聊天的能力，往往是一个旅店经理的成败关键。同样的微笑和寒暄，有人就是能做得充满诚意，像是对待到自己家里的朋友般对待住客，有人就只是照本宣科，如训练有素的机器。是不是发自内心，造成的影响力会有很大不同。

著名的度假酒店集团 Aman Resorts 就非常重视经理与客人间的互动，每每入住它旗下的旅店，一定会遇到最高层经理亲自招呼。我在斯里兰卡的 Amangalla 遇上让我惊艳也万分佩服的经理 Olivia。酒店的房间不多，第一天晚上，所有人都接到经理主办的晚宴邀请函。整个晚餐，她就像豪宅女主人般满场招呼、笑谈不断，她的风华绝代、阅历过人，吸引住所有人的目光，也放松了大家的情绪，十分尽兴。Olivia 在当地已超越酒店经理这个角色，更像是当地上流社会的名媛，连我在斯里兰卡的朋友都认识这个人，听闻她许多故事。

第二次与 Olivia 相遇，是在意大利威尼斯刚开幕的 Aman Canal Grande Venice，她似乎是酒店集团开拓新土的秘密武器。我当然还记得她的倩影，而她也记得我的名字，远远就向我打招呼。那一刻，她成了我在威尼斯的老友，让我对那个城市感到毫不陌生。

一个如此令人难忘的经理，只要有她在的地方，就是让人想一再拜访的旅店。

01 度假酒店集团 Aman Resorts 非常重视经理与客人间的互动。

Info

Hyatt Regency　日本／京都	kyoto.regency.hyatt.com
Amangalla　斯里兰卡／加勒	www.aman.com/resorts/amangalla
Aman Canal Grande Venice　意大利／威尼斯	www.aman.com/resorts/aman-venice

02 入住京都 Hyatt Regency 时，态度温和有礼、完全没有距离的经理，让我印象深刻。

04

门童是旅馆的形象大使

旅店员工中，最让人感到面目模糊的就是门童（page boy 或 bell boy），那迅速开门、关门之间，能记得的往往只是一抹微笑或招呼声。然而仔细探究，他们其实至关重要，门童不仅是人们进入旅馆第一个会遇到的服务人员，也会是离开旅馆的最后把关者，他们的表情态度、仪表容貌，或是开门关门的时机点，都可能形塑你对这个旅店最初的感觉，或者成为压倒旅店印象的最后一根稻草。

说起这个人物，当然还是得提到香港的半岛酒店，一九二八年开幕后，成为亚洲第一家引进门童这个职位的旅馆，那穿着全白笔挺制服与戴着蛋糕似圆顶帽的形象深植人心，也是酒店的活标志。半岛酒店以“长情”（广东话，意思是重感情）著称，最为人津津乐道的就是拉门拉了五十年、门童陈伯的故事，也吸引许多年轻人以担任半岛的门童为荣，做得好的话还有升上管理职位的潜力。

近来圣诞节时半岛酒店还把这个形象大搞 crossover（跨界），和玩具商合作设计限量版雪人门童人偶，成为玩家抢购收藏的对象。甚至我进出旅馆时，经常遇上游客专程到此与门童合照，受欢迎的程度好比伦敦白金汉宫守卫。

如今门童的工作早已不只开门、关门，举凡招出租车、送发文件、指引地图、帮客人处理紧急事务、跑腿，等等，都会落在他们头上，若是Concierge（询问处的人）不在位置上（或根本没有询问处），还要扮演万事通，上知天文下知地理，连婴儿奶粉的品牌都要了解。

因此门童优不优秀，事关一家旅馆对员工培训的用心和严谨程度，并非人人都能做得尽责，而能做得精彩也十分不容易，做得久、做得精了，形形色色客人的脸色也都能摸得清楚，甚至建立起交情，懂得应对进退，何时该开个幽默玩笑，何时该守紧口风。

大概因为这样，和半岛酒店门童由底层一步一脚印靠自己往上爬的经历不同，部分旅店开始把门童当作经理人的培训功课，为住客拉门的那个不起眼职位，或许有着管理或经济高学历，背景不俗。我在泰国曼谷一家五星级旅馆，遇到一个气质高贵、精通多种语言的年轻门童，一问之下还是美国康奈尔大学旅馆管理学院毕业的高材生，目标是有朝一日经营自己的旅店，野心勃勃。

Hyatt 酒店集团下的 Andaz Hotel 更打破职务分界，可以说人人都是门童，也可以是 check in 人员或客房经理，每个工作者都受到完善的训练，只要客人有需求，就可以化身为客人需要的服务者角色。上一刻还在为我鞠躬开门的人，下一刻就出现在酒吧调酒，然后回答我对当地风俗的疑惑。

由于是门面，现代门童的外表也越来越抢戏了，更不再是男性的天下，尤其美国一些 trendy hotels（时尚酒店），刻意聘请如模特儿的俊男美女（或许真的是业余模特儿），旅店门口就像时尚伸展台般赏心悦目。只不过样子

01

01 门童是人们进旅馆第一个会遇到的服务人员，也是离开旅馆的最后把关者。

诱人是诱人，真正有事想求助又一问三不知，流动率也挺大。对我来说，中看不中用的门面无法为旅馆加分，宁愿是个又矮又胖，但精通人情世故、面对突发问题不会慌张的敬业门童。

但不是说我完全不在意门童外表，特别是制服的设计最令我在意。上海一家无论是等级或服务都以高雅著称的国际旅馆，刚开幕时浩浩荡荡，门童制服却成最显眼的败笔，女员工旗袍式服装如夜总会般俗艳，而男员工则穿得像墨西哥餐厅的服务生，我入门时还得再三确认是不是误跑到红灯区酒店。

虽说是小人物，只要做得不到位，就可能砸了整个招牌。

Info

The Peninsula Hotel　中国／香港	www.peninsula.com
Andaz Hotel	andaz.hyatt.com

05

管家如影随形，也懂得隐形

在私人豪宅中，管家（butler）的角色经常是像家人又是仆从的角色，掌管家中大小事务，一辈子都在同一个家庭服务的所在多有，了解家族成员中每个人的好恶和成长，权力颇大，面对主人时又必须谦卑处事、不漏口风也不出风头，看到一个细微的眼色，就知道该如何办事，因此也有夫妻情份还不如管家深厚的故事。电影《蝙蝠侠》里的管家形象，便是个亦仆亦师、亦父亦友的经典形象。

旅店里管家与住客之间这短暂一两夜的关系，自然不能如此情长，但遇上一个体贴入微的专业管家，的确可能让这个旅店从此成为你心有所属的第二个家。

虽然不是绝对定律，但入住酒店顶级套房的人，经常有紧凑的时间观念，到旅店不是为了商务，就是想完全放松休息，不想多花时间处理日常杂务。有个随传随到的贴身管家可以省下不少工夫，举凡 check in、用餐、送洗衣物、订票订车、购物或安排行程、介绍当地风土民情等，都有人可以一站式打理。旅行中，我是个独立的人，当然也有公司秘书可以远程倚赖，但是若有个管家在旁，住宿的体验更能心无旁骛。

当然，前提要是个聪明、重视细节，并且是真正为我专人而设的管家。

我曾遇过不少旅店标榜有私人管家服务，其实管家一个人要处理一整层住客的需求，非常忙碌，只能算是一般楼层管理，仅有在 check in 带我入房、介绍一下设备如何使用后，就消失不见，或根本遇不到一两次，打电话也姗姗来迟。

印度尼西亚巴厘岛的 Como Shambhala Estate Begawan Giri Hotel 是以四到六个套房组成独立式庄园，我的管家同时要服务四到六组房客，虽然他已尽力满足每个人不同需求，但总是一副忙碌赶场、筋疲力尽的模样。

好的私人管家须如影随形，又要如隐形般不能打扰住客私密，一举一动都悠然安静，问题不多但能掌握关键，默默观察住客需求，适时伸手协助，也懂得何时适当收敛。

知名旅馆评论刊物 Nota Bene 十多年前就将 Gili Lankanfushi 评为马尔代夫中“唯一真的配得上五星级荣誉”的小岛旅馆（当时称为 Soneva Gili Resort & Spa)。十多年后的二〇一三年间我才入住于此，虽说相见恨晚，但仍觉得它毫不逊于其他新兴的后起之辈，难以超越。Gili Lankanfushi 这个小岛上，拥有四十四座由天然木材建造的独立度假别墅，如珍珠串链般，每一栋都如浮载在蓝色浅海的水上树屋，仿佛一不小心，就会与相连的木桥脱离，漂流在美丽的印度洋上。

而让这美景更迷人的，是我那气质优雅的管家，他不太照着 SOP 记录我的需要，多数时间只是静静的待在附近与我保持安全距离，面露微笑。然而，不知为何，他总会在我肚子饿时知道要提供美味餐点，口渴时递上我最爱的香槟或气泡水，也知道在我游泳后把干净的浴巾换上，按摩池放

01

02

01 Gili Lankanfushi 中这个气质优雅的管家，真实的身份是当地的艺术家，对马尔代夫的文化了如指掌。

02 曼谷 The Siam Hotel 管家的笑容如湄南河河水的温度般柔和。

好温度适宜的暖水。

而这管家的沉默绝不代表无话可说，他真实的身份是当地的艺术家，对于马尔代夫的文化了如指掌，拥有丰富的艺术知识和绝佳美感，面对我的问题可以滔滔不绝地回答。住宿隔日早晨，我决定用两百美金，租下附近另一个无人小岛，当一小时的霸道岛主。我的管家一面说着他超脱俗世的艺术梦想，一面领我从别墅划到远离凡间的小岛。倒上香槟、拉开洋伞，摆设好一切后，便悠然挥别而去，待在我看不见的远处观望。

另外一个让我印象深刻的管家，是在曼谷 The Siam Hotel 遇上的。check in 后，他就引领我进入那同时结合历史博物馆、美术馆与植物园的迷幻空间中，如专业导览员般细细介绍，但也不冗长啰嗦，知道要何时留个空白，让人消化连连惊奇和心情。

那管家的笑容就如湄南河河水的温度般柔和，结合英式背心与东方风味长裙的黑白制服，颈部并没有扣上常见的领结，而是类似泰式传统服饰中由左盖上右襟的衣领。从他身上，我便知道这旅馆在设计上的讲究和用心，我将入住的会是一个赏心悦目的精彩世界。

变色龙般应变自如的管家，让人几乎忘了他的存在，分离后又久久难忘。

Info

Gili Lankanfushi 马尔代夫	www.gili-lankanfushi.com
The Siam Hotel 泰国／曼谷	www.thesiamhotel.com

06

优质早餐，选旅馆的重要条件

常会听到有人对旅馆的评语中，会特别提到早餐的好坏，甚至会有“设备不怎么样，早餐却意外好吃”这样扭转劣势的观感。尽管平常就是匆匆一杯咖啡便足够的人，入住旅店时，也不免会期待起早餐的内容，把旅馆价格中包不包早餐这件事，作为选择旅店时的考量。

早餐是一天中最重要的一餐，这点在旅馆住宿经验中更是被强化了；从旅行的疲惫、陌生的床褥中逐渐清醒，梳洗着装后，没有什么比预备好的温热咖啡、果汁、任君挑选煮法的鸡蛋，以及随意配置佐料的汤或粥，更让人精神一振了，何况可能还有笑容可掬的服务生（不是还蓬头垢面的家人、睡眼惺忪的自己）随侍打理，接下来的旅程也要靠这一餐支撑呢！

大型旅馆早餐最常见的形式就是Buffet（自助餐），一长排保温铁盘的阵仗，看似丰盛又有多样选择。只是我个人并不很喜欢这样的形式，人多时不免碰碰撞撞，降低用餐质量，对食物的新鲜度也有所怀疑，所以如果不是信任的旅店，我通常只拿有厨师在现场现点现煮的食品。

Buffet早餐内容经常千篇一律，做得好的并不多，但要做得糟糕也不容易。我曾在亚洲一家当时刚开幕的设计旅店，用早餐时不知如何下手才好，果汁快到底了没人添加更换，面包和水果也像放了好几天一般，干巴巴的，餐厅灯光又昏暗，最后我索性到外头吃了。而在西班牙巴塞罗那这样的美食之都，我也发现了质量非常不堪的 Buffet 早餐，还是在一家位置优越的五星级酒店，台面上不但食物乏味，大部分地方都放了可有可无、无法食用的装饰掩饰带过，随便一家二三流的小旅馆都比它好上许多。

相对地，也有旅店除了食物特别优秀以外，Buffet 的位置安排也很用心。米兰 Park Hyatt 以食物的类别分区，分别放在不同的角落相隔一段距离，减少挤迫嘈杂的情况，维持环境高雅的气氛。

有些旅店的早餐可以用“梦幻”来形容，尤其是经营者本身是厨艺专家，或有大师掌厨的话。荷兰 Lute Suites 的早餐，是旅馆主人、也是知名厨师彼得·路特（Peter Lute）亲手奉上，装在一个看似朴拙的木箱子中，打开后那香气四溢的吐司、果酱、水煮蛋、火腿、干酪等，都像珠宝般精致而闪闪发光，那画面令我此生吃的其他早餐都失了色。

西班牙 Les Cols Pavellons 那仅此一间的旅馆房间，其实是为它米其林餐厅的食客而设，早餐自然不俗，份量则足够我一人用两餐。除了美味餐点，最令人开心的是还附上一整瓶红酒，整整用两个大盒子装盛着，还附上袋子，刚好让我带着出门，在旅馆坐落的自然保护区找个好地点野餐。

中国长春 Hyatt Regency 的早餐中，最值得期待的就是现拉现做的面条，据说若做面的那位师傅不在，餐厅就不提供面点了，因为谁也做不出相同的美味。我有一天吃早餐时遇到一个当地人，他就是专程来吃面条的，面对其他诱人的食物不为所动，真的吃完面就走。此面让人如此专情，可见水平之高。

最难忘的是瑞士度假旅店 The Omnia Zermatt 的早餐，同行的朋友只不过吃了它的蛋料理，就忍不住用“简直就像性爱高潮一样享受！”这亢奋露骨的形容，可见那餐点美妙至极，笔墨难以形容。早餐里每一样东西都讲究极了，考虑得相当仔细，就算是茶也有十多种选择，当然不是便宜茶包，而是实实在在装在罐里的茶叶，每一样也都说明了浸泡时间需几分几秒，像是多一秒或少一秒都会亵渎了茶的味道。在那个欧洲滑雪度假胜地，我却能尝到来自千里外的台湾顶级高山茶，几乎是不计成本的供应。

精品旅店的早餐除了独特性以外，更可以有“家”的滋味。

巴黎的 3 Rooms Hotel 其实是知名时装设计师阿瑟丁·阿拉亚（Azzedine Alaia）的家，基本上就是提供他的朋友居住，相当难订，我也是透过层层关系才有机会入住。旅馆早餐就是他自家佣人弄的家常菜，感觉就像住在朋友家一般，可随意要求调整口味。

早上走进瑞典 Ett Hem 的厨房，就会看见一个厨师问你要吃什么，基本上想吃什么，他都能帮你做。我第一次住这旅馆吃早餐时，很喜欢他们自制的 cloudberry（云莓）果酱，那莓果生长在北极圈内，只能在野外采收，也只能像加拿大冰酒般在某个温度下才能采收，非常珍贵。第三次再光临 Ett Hem 时，厨师在我临行时塞了一罐果酱当礼物，比收到圣诞节礼品还要令人雀跃。

在法国女设计师玛塔莉·克拉塞特（Matali Crasset）设计的尼斯 Hi

01

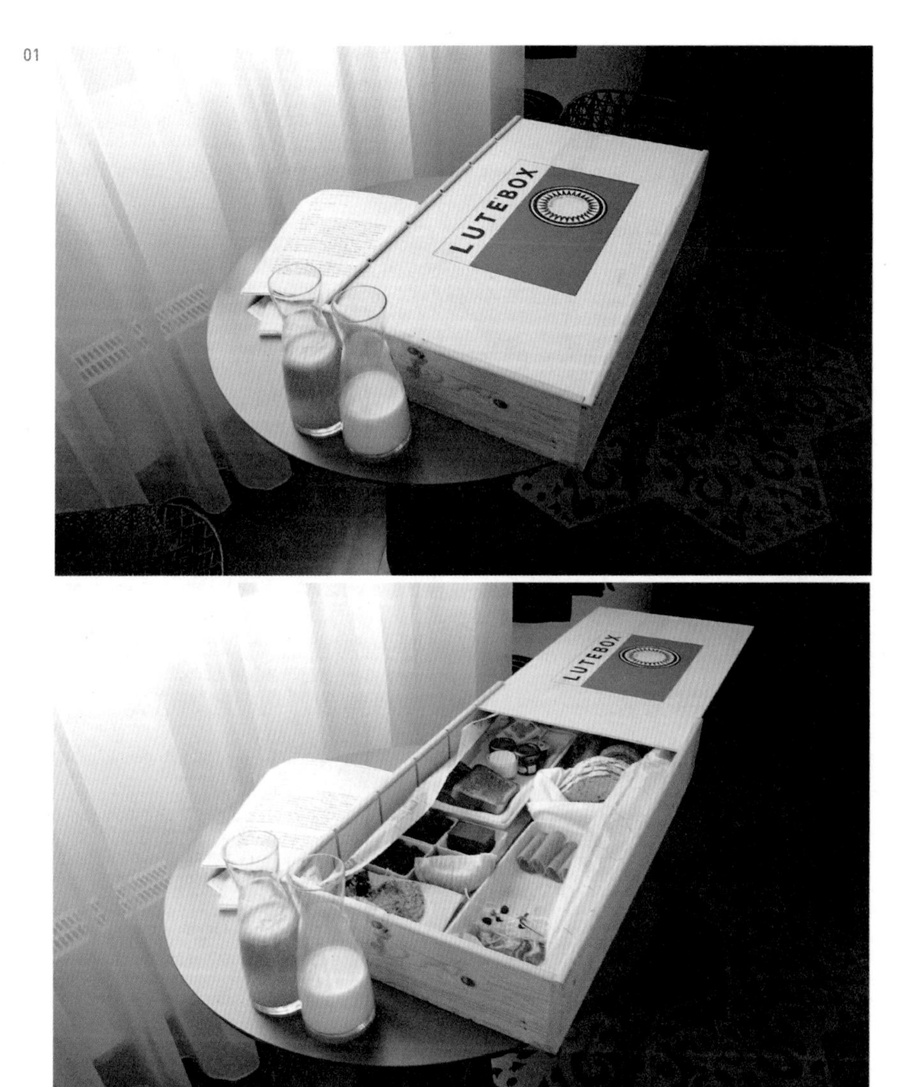

01 荷兰 Lute Suites 的早餐装在看似朴拙的木箱子中，打开后，香气四溢的吐司、果酱、水煮蛋、火腿、干酪像珠宝般精致。

Hotel 里吃早餐，则是抱着好玩的心情，也吃得有点罪恶感。所有的食物都摆在开放式冰柜上，以一罐罐小巧可爱的玻璃瓶装盛着，让人自由取用。我一时间感觉像在高级超市里偷东西，心理上不敢拿得太多，却又因为太可爱了，忍不住每一罐都拿来尝尝。

另外，酒庄旅馆的早餐通常不俗，饮品除了咖啡牛奶，当然也会有自家酿酒，大白天就可以开喝，对我这酒鬼来说简直如入天堂。多数旅馆经营早餐与晚餐的重视程度是不同的，在加拿大葡萄酒产区的 The Sparkling Hill 用早餐时，我却以为是身处晚宴时光。当一道油亮鲜嫩的东坡肉端上时，我和同伴都像见到生日惊喜般吓了一跳，没想到在加拿大西式餐厅里会见到如此佳肴，味道更不输中国大厨之作。入住三天，我们每天都要吃到这道菜才满足。

除了到公共餐厅吃早餐，我住旅店也经常选择在房间内用餐，特别是窗外风光明媚之时，宁可花多一点服务费，换取一个人的慢食时光。米兰 Four Seasons 的房间面对中庭秘密花园，一边啜着香浓咖啡一边近观园内旖旎风光，身心一整天都如入禅静。

我也遇过旅店早餐胜过其他一切的旅馆。在曼谷时住进一间非常不讨我喜欢的设计旅馆，我给了相当低的评价，也很快决定离开，但临行前老板叫住我激动地说："你起码要尝尝我的早餐！"我勉为其难地答应坐下吃完，没想到那餐意外得好。我真该劝那老板不要经营旅店了，干脆开家餐馆，我一定给它与旅馆相反的高分。

Info

Park Hyatt Milan　意大利／米兰	milan.park.hyatt.com
Lute Suites　荷兰／阿姆斯特丹	www.dekruidfabriek.nl
Les Cols Pavellons　西班牙／奥洛特（Olot）	www.lescolspavellons.com
The Omnia Zermatt　瑞士／策马特	www.the-omnia.com
3 Rooms Hotel　法国／巴黎	www.60by80.com/paris/hotels/luxury/3-rooms.html
Ett Hem　瑞典／斯德哥尔摩	www.etthem.se
Hi Hotel　法国／尼斯	www.hi-hotel.net
The Sparkling Hill　加拿大／弗农（Vernon）	www.sparklinghill.com
Four Seasons Milan　意大利／米兰	www.fourseasons.com/milan

02

02 瑞典 Ett Hem 的厨房，有专门的厨师帮你做客制化的早餐。
03 尼斯 Hi Hotel 的早餐，以小巧可爱的玻璃杯装盛着。
04 在米兰 Four Seasons 吃早餐，可以一边啜着香浓咖啡一边欣赏花园风光。

03

04

看不见之处，才是客房卫生的重点

我平常不算特别有洁癖，看我办公桌几乎见不到桌面的状况就知道了，但住宿旅店这么多年，潜移默化间已让我成了清洁达人，就算香港的住家也从不假他人之手，都是亲手打理。

一走进旅店房间，我就会变得十分挑剔，像是装上细菌侦测雷达，一发现有可疑之处就立刻放大检视，以可否忍受的程度，决定是要大肆投诉，还是干脆自己动手立刻处置。

也因此，我喜欢选在白天入住，打开房间后第一个动作，并不是把行李箱打开，而是先拉开所有窗帘，打开所有灯光，尽量让光线充足，然后花上约一个小时的时间，仔细检查房间内的每个角落，再用相机拍照，就如进入犯罪现场，任何蛛丝马迹都不放过!

旅店房间每天接待着不同客人，有时暗藏的陈年污秽是难以想象的。魔鬼经常藏在看不见的细节里，但看不见的往往就是我最想看见的。一个表面上看起来洁净无瑕的环境，层层抽丝剥茧后，常有意想不到的惊吓景象。

有些人进房间喜欢先跳上床铺，一边放松紧绷的身躯，一边测试床的柔软程度。但对我来说，床铺可能是房间内最肮脏的场所。那些看似干净消毒过的白色床褥床单，必须先层层掀起查看，有几次我就赫然发现底下的保洁垫散布点点黑霉，甚至在五星级酒店的床铺上，看见过暗棕色、疑似血迹的印记。

那些垫起来舒服极了的抱枕也疑点重重，特别是颜色贵气深沉的那种，厚质、毛茸茸的枕套不知多久才会送洗一次，也不知道被什么样的房客如何利用过，所以除非是真正信得过的旅馆，否则我很少会动用。

藏有最多细菌的房间用具，并不是浴室马桶，而是令人意想不到的电视遥控器。我很难相信真的有清洁人员，会每天擦拭消毒每个细小按键的四周，所以我都会随身带着无印良品（MUJI）的消毒湿纸巾，细细抹过几遍，再用干巾擦拭，或者索性将遥控器包着纸巾使用。

当然，也不能够轻易放过卫浴间，尤其是浴缸。想泡澡的话，至少得先用热水冲洗过，最好就让水放满一次再流掉。有一家在亚洲的设计旅店，泡澡池是美丽的黑色大理石砌成，用肉眼看根本看不出端倪，但是当我将水池注满水后，数根不知名的长发便悄然漂出，无所遁形。

考验一个旅馆对卫生的重视程度，最快的方式就是认识负责的员工，所以我会尽可能在打扫时间时等待一下清洁人员，与其闲聊一番，探试他的性格。我曾经听一个日本员工说：她维持工作热情的秘诀，就是不论发生了什么事，一定保持微笑，就算是勉强的也好，久而久之也会被自己的微笑所感染，感到积极，并且由衷愉快地工作着……若是让这样的人打扫房间，我就会安心许多。

Chapter 4

超值配件，成功吸引回头客

01

打造值得收藏的房间钥匙

Check in 后，柜台将房间钥匙交付给住客，就像一种仪式：在你正式持有的这一天，便可以开启不同于日常的居住体验，成为身分尊贵的主人，有人聆听你的需要，也有人处理你平常厌恶的清洁工作。虽然可能只是一支廉价轻铝钥匙，或一张薄薄的卡片，却是从平凡生活走入不平凡的象征，我每一次都在转动（刷入）钥匙时充满期待。

从钥匙这变化不多的小东西中，也可以看见旅馆对细节的思虑。以前的传统房间钥匙多是以沉重的金属制成，在现代数字化的过程中，许多旅店已改用轻盈的电子钥匙。只是有些旅店如今仍坚持守旧，宁可柜台前不时发出“哐啷”碰撞的噪音（对我来说其实像敲击乐般动听），让住客烦恼该把那么大一把复古铸铁往哪里摆，也不改其古板，或许是为独具风格或成本考虑，另外也是想让住客不随意扔置遗忘，增加出门时寄放柜台的意愿。毕竟，少有人会真的想在行囊中增加不必要的重量，那把钥匙不规则的形状也可能极占空间，难以收纳。

将古水塔改造成旅店的德国科隆 Hotel im Wasserturm，仍制作黄铜钥匙给住客，还附上建筑外观缩小版的模型，颇有份量，隐隐述说着旅馆前身的历史风光。那钥匙设计实在太诱人了，我多次动念想纳为收藏，却又因为它实在贵重，不敢不交回给旅馆。庆幸后来发现旅馆其实有卖钥匙纪念品，我当然毫不迟疑地买了下来，可见其在设计之时已相当重视并用心。

除此之外，我极少拥有金属钥匙，却收藏了一百多张电子卡片钥匙，就像集邮一样，展开时比两三组扑克牌还要壮观。每一张都能唤起我对那家旅店的记忆，也有同一间旅馆不同房间的钥匙可罗列。也许是信用卡似的钥匙太好拿取，又有纪念意义，像我这样的收藏者其实为数不少。

台北的寒舍艾美酒店（Le Meridien Hotel）每一张房卡都放了不同的艺术照片，多收藏几张后，就像在看摄影展览，成为我一再前去的理由之一。要是给我的房卡刚好已经收过，我会立刻退回，要求更换。

卡片钥匙要做出创意也不简单，我经常在旅居一地时选择不同的旅馆居住，有时身上的房卡大同小异，非常容易混淆。伊斯坦布尔 Park Hyatt 的房卡套上，就贴了个土耳其当地常见的琉璃宝石，让原本廉价的电子钥匙顿时气宇不凡，一定不会搞错。

香港 The Upper House 的卡片则会在不同角度与光线下，变幻出多样影像，呈现科技质感，旅途无聊时我也会拿出来把玩一番。瑞士 The Omnia Zermatt 的房卡就如其旅馆一样深具质感，是原木制作的，带着森林的清新气味，是我的钟爱之物。

不过，住了那么多年旅店，我始终对于卡片式钥匙心存怀疑。相信也有许多人有类似经验，拿着卡片尴尬地在门外刷呀刷，却老是出现恼人的红灯与被拒绝的响亮哔哔声，只好来回去柜台求援。

房卡钥匙与卡套的关系也相当暧昧。钥匙应该代表私领域的拥有权，

01 香港 The Upper House 的卡片在不同角度与光线下，会变幻出多样影像。（摄影：张伟乐）
02 伊斯坦布尔 Park Hyatt 的房卡套上，贴了土耳其的琉璃宝石。（摄影：张伟乐）
03 Hotel im Wasserturm 的房门钥匙，便是水塔建筑黄铜模型。

越保密越好，卡套却通常大喇喇地写着房号……对此我有着矛盾的处境，一方面我老是记错房间号码，需要卡套提点，另一方面我又觉得没有安全感，深怕有人同时捡到钥匙与卡套，就可以轻易开门而入。后来我会尽量将两者放在身上的不同地方再出门，也认为旅馆该多鼓励住客这样的做法，以保安全。

从房卡上的信息也能了解旅馆用心程度，是否照顾到旅游者害怕在陌生城市迷路的心情。香港 The Upper House 的房卡上有地图，坐出租车时直接交给司机看就行，也有旅店附上整幢旅店建筑的实体照，增加许多辨识度。半岛酒店则在房卡套上附了不少实用小信息，像是旅馆联络方式与早餐时间等，提醒住客不要错过。

科技日新月异，现在索性摒弃钥匙不用的旅店越来越常见，只须提供密码或手机电子条形码就可过关，但就少了触感、少了故事，也失去收藏乐趣了。

Info

Hotel im Wasserturm 德国／科隆	www.hotel-im-wasserturm.de
寒舍艾美酒店 中国／台湾 · 台北	www.lemeridien-taipei.com
The Upper House 中国／香港	www.upperhouse.com
The Omnia Zermatt 瑞士／策马特	www.the-omnia.com/en/hotel

02

让客房欢迎卡充满人情味

不知道人们在进入房间，看到桌上那张写着“welcome”之辞，并有总经理签名的欢迎卡（Greeting Card）时，会不会真的拾起阅读。我有收藏旅馆小物的癖好，因此总会先浏览一番，再决定要不要丢进垃圾桶，或是放入行李箱中当作纪念。

当然，陈腔滥调占了多数，看似热烈但缺乏感情，应该就是用计算机复制再粘贴，不同旅馆却有一模一样的拼音文法，总经理签名不是本人亲笔的可能性也很大。那似乎宣示着：我欢迎您的光临，感谢您选择我们的旅店，但有事时请不要找我……

礼貌理性的公式化之辞，语调却如藏镜人般疏离。

现在（尤其是精品旅店）则多了些手写的质感，佯装温馨文艺，可是词句还是变化不大。其实对我来说，是手写或印刷并不重要，重要的是内容到底说什么，是空谈还是由衷诚挚，能不能打动人心。

比较好的状况是，会多点个人的专属感，例如加上“This is your first stay”（这是您首度光临），或是“Welcome back”（欢迎再度光临）等，知道你是新人还是老主顾，各有不同写法。上海 Park Hyatt 还会为第六次、第十一与第十六次（以此类推）的回头客附上小礼物，比一张单薄的卡片多了一份情意。我住过北京 Park Hyatt 不下五十次，卡片上写得自然更不同，就像对交情深厚的老朋友说话一样，少了一些客套，多了很多互相才懂得的提点和默契。

欢迎卡上提供的信息也很重要，有些说了老半天没说到重点，有些至少附上旅馆现有优惠和新设施，再令人舒服一点的，就是说说当日天气、谈谈这城市有什么样的新鲜事、附近有什么可推荐的景色和文化，虽然都不是什么特别的事，但多了亲切的人情味。

在欧美、澳洲等地住宿，我最在意的是，若适逢日光节约更换时制之际，旅店会不会在欢迎卡中提醒。我以为只要是专业的旅馆都会尽到责任，但有一次住宿意大利罗马的一家酒店时，却没有提供只字词组，我也忘了要调整手表时钟。第二天我们一行六个人到机场时，还以为时间充足，不疾不徐做最后血拼。直到空姐空少赶来找我们，这才惊觉快错过班机，非常惊慌。

对于大型旅馆来说，我不会强求一定看到总经理（或高层）亲笔签名，是秘书签的也罢，是影印也好，这点可以谅解，否则至少一两百个房间起跳，他光签名就不用再做其他事了。

至少，若旅店在欢迎卡上留下办公室号码或 e-mail，感受就有所不同，比签名真伪更实际。我曾在京都 Hyatt Regency 遇过一个相当特别的总经理 Ken Yokohama，签名是否亲力亲为我无法得知，但他相当有诚意地留下私人手机号码，还说若有任何需求可以透过电话联络上他本人，让每个住客都可以感受被宠爱、被照顾的温暖。就算完全无事可求，那心意也如他走到你面前招呼般具有温度。

一组打得通的电话号码，比千言万语更有力量。

Info

Park Hyatt Shanghai　中国／上海	shanghai.park.hyatt.com
Park Hyatt Beijing　中国／北京	beijing.park.hyatt.com
Hyatt Regency 日本／京都	kyoto.regency.hyatt.com

01

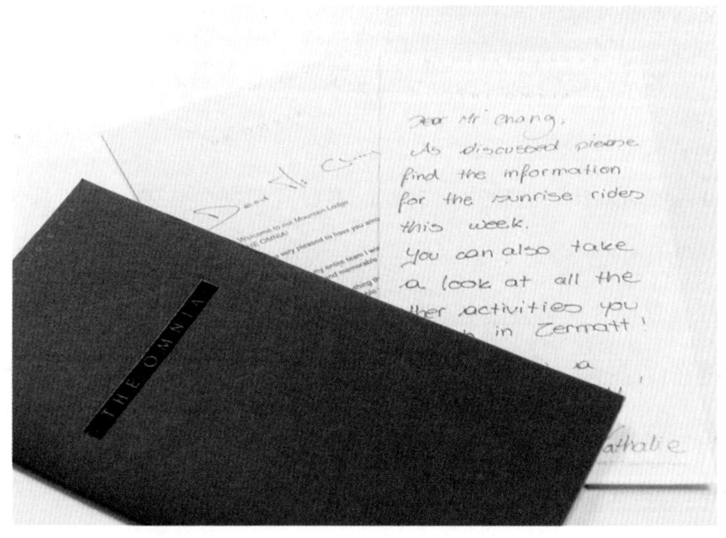

02

01 我住过北京 Park Hyatt 不下五十次，欢迎卡上的内容就像对交情深厚的老朋友说话一样。（摄影：张伟乐）

02 欢迎卡是手写或印刷并不重要，重要的是内容能不能打动人心。（摄影：张伟乐）

03

请勿打扰卡也可以大玩创意

要说起有什么是旅馆不可或缺的元素，并不是穿着笔挺制服的门童，或是华丽的金色行李推车，而是挂在房间门口那看似稀疏平常、轻薄短小的“Do Not Disturb”（请勿打扰）告示牌。

在旅店里并不会真的与世隔绝。无论是定时打扫的清洁人员、前来问候的私人管家，甚或是想亲自送上小礼物问候的经理，他们理应会先礼貌地按响门铃，却不一定抓得准正确时机，不知房客是否还因为时差而呼呼大睡，还是全身衣衫不整，不能立刻见人。

“Do Not Disturb”的作用正在此，不必开口便公告着：嘿！别进来也别敲门，我不想被打扰，走开！

简单而直接，却是被服务者的一种尊贵姿态，也是旅店和住家不同之处。要是在自家挂上这几个大字，效果可能大打折扣，一不小心还会引发一场家庭大战。

我入住旅馆房间，第一个检查的是床铺清洁，第二个就是“Do Not Disturb”的挂牌。万一找不着，我就会像是没穿好衣服般紧张，失去安全感，甚至非得要自己做个临时替代的贴牌才行（就算是一张粘贴标签也好）。现在我还会在行李里携带别家旅馆的牌子，以备不时之需。

然而在尊重隐私之外，“Do Not Disturb”这个宣示总能引人无限遐想，有种此地无银三百两的趣味——为何不能打扰？在房间里做哪些勾当了，所以不能被中断？

于是有越来越多旅店开始颠覆传统，不一定只使用纸牌，语句也做了手脚加上图像，或幽默或撩拨想象，让人会心一笑之余，被挡在门外者也不觉得被冒犯。

像是 W Hotel 用“We Are Not Quite Ready Yet”（还未离房）取代“Do Not Disturb”，感觉就没那么冷硬直接。

有的更做得精美极了，如艺术品一般。瑞士 The Omnia Zermatt 和意大利 Vigilius Mountain Resort 的“Do Not Disturb”牌，那优雅极了的实木质感，以及和整体旅馆自然氛围切合的设计，甚至让我忍不住想买回去，当珍藏品般保存起来，想回味那两家旅店时就拿出来一解相思。

当然，与“Do Not Disturb”相对的“Please Clean”（烦请清扫）标示，也同样可以玩出许多花样。台湾嘉义的承亿文旅，“请勿打扰”牌上是旅店的吉祥物梦兽憨吉图像，煞是可爱讨喜，“清扫”牌则用迷你竹扫帚代替，不言而喻，同时又有台湾本土趣味，连这种小地方都用上心思。

或许为了环保，又或许是太多人喜欢偷拿（像是我），现在有些旅店索性不用挂牌，而是更科技化的用电子灯饰替代，红色代表请勿打扰，绿色代表欢迎清扫，有点冷冰冰的，有时也引不起人注意。我总觉得没了挂牌的精神和乐趣，就像电子贺卡和手写信的分别。

打扰与被打扰的权利，希望还是由我自己多花点力气来翻转决定。

Info

W Hotel　中国／台湾·台北	www.wtaipei.com.tw
The Omnia Zermatt　瑞士／策马特	www.the-omnia.com/en/hotel
Vigilius Mountain Resort　意大利／拉纳	www.vigilius.it/en
承亿文旅　中国／台湾·嘉义	www.hotelday.com.tw/hotel04.aspx

01

02

01 承亿文旅的“请勿打扰”牌上是吉祥物梦兽憨吉图像，“清扫”牌则用迷你竹扫帚代替。

02 有原木质感的“请勿打扰”牌和“清扫”牌。（摄影：张伟乐）

忍不住带走的纪念品

有搜藏癖的人就会懂：有时就是没有理由、不为增不增值，而是一种戒不掉的瘾。我的搜藏癖，当然跟旅店有关。就算那些东西已经盘据家中与办公室近半空间，但有些占了行李重量大部分，是远从千里外运回来的，每一样都诉说着故事，我根本下不了断舍离的决心。

有些是就算不见了、旅馆也不太在乎的小东西，有些是摆明了要人拿走的广告品，有些则是摆在商店里卖钱的纪念物，凡是我觉得有趣而道德许可的，都成了留在身边的实体回忆。

单一旅店之中，我收藏最多的就是 Hotel New York 的东西，而它似乎也为此感到骄傲似的，每一次都有新的创作待我搜罗。从明信片、宣传册、照片集、模型、年历、地图、笔记本到菜单，等等，无一不是用心独特的作品，甚至还邀集当地插画家与文学家、诗人等，为旅店绘写故事编成专著，或自编自制免费报纸……光是旅馆纪念品的规模，绝对有资格举办一场盛大展览。我当然忍不住把每一样塞入行李，经常拿出来鉴赏一番。

更令人佩服的是，Hotel New York 并非资源丰厚的集团，规模也不大，却花了不成比例的心思和经费在那些小事物上，可见它对自己的历史与存在有多么自傲和自恋。

Ett Hem 的旅行宣传册也令人爱不释手，里头充满主人对自己旅店和小区的深情，每一幅手绘插图都触动人心。Andaz Tokyo 的地图则细致得让人想按图索骥，跑遍上面推荐的所有周遭景点。而上海 Park Hyatt 则不时出版介绍中国及上海文化的书册，专业程度堪比博物馆。

房间门卡之外，笔是我收藏最多的对象。多数旅店也明白那是轻便（也是最多人会拿走）的宣传物品，所以提供钢笔或原子笔的渐少，成本较低但也较有趣味的木铅笔，成了多数选择。但一样是提供木铅笔，瑞士 The Omnia Zermatt 提供的可是一整套精美实木盒装的彩色铅笔，那诱人的包装，就算要花钱，我也想占为已有。

有的旅店专门做了免费高级纪念品，不拿取就对不起它的心意。Hotel Americano 给的是一个小巧神秘的黑盒，里头是美味无比的巧克力，我甚至将吃剩的空盒都收藏起来了。北京 The Emperor Hotel 则是一整块玉石印章，非常大气。

我的浴室里从不缺小罐香氛盥洗产品，今天怀念起土耳其 Park Hyatt 的味道，明日想回到米兰 Bulgari 的美丽时光，都可以在香港家中即选即用。或者旅行时也带上几瓶钟爱的用品备用，万一遇上使用不明润肤品的旅馆，还可以用来救急。

01

01 北京 The Emperor Hotel 的纪念品是一整块玉石印章，非常大气。（摄影：张伟乐）

02 瑞士 The Omnia Zermatt 提供一整套精美实木盒装的彩色铅笔。

03 Hotel Americano 的模型纪念品小巧精致。（摄影：张伟乐）

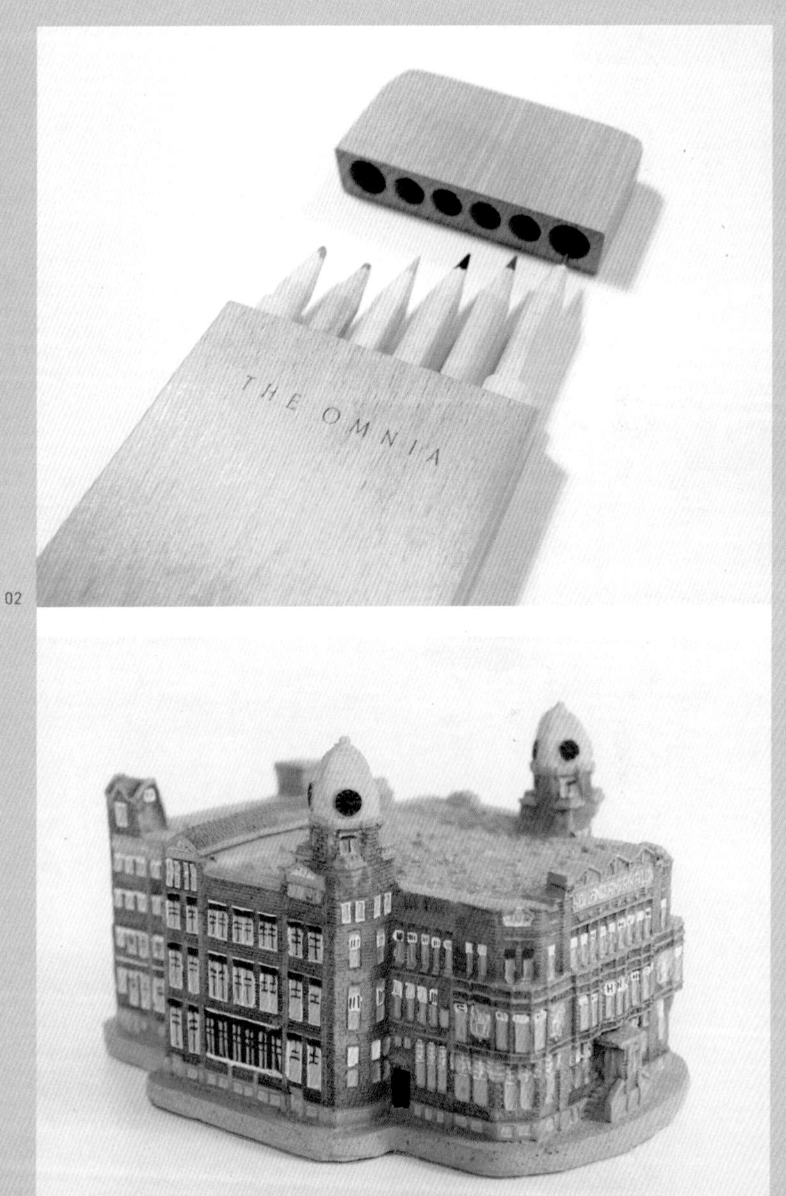

02

03

04

04 Hotel New York 的明信片、宣传册、照片集、年历、笔记本等等，都是用心独特的作品。（摄影：张伟乐）

04

用 minibar 贴心满足旅客需求

打开 minibar 瞧个究竟，是让人兴奋的入住仪式。

标准 minibar 大多会附有质量不一的免费茶包、速溶咖啡和奶精，有小型冰箱，里头有价钱比外面贵上三倍以上的罐装饮料或零食。最恐怖的 minibar 埋伏着电子收费，打开冰箱的那一刻就布满陷阱，拿起饮料后超过一分钟，第二天账单上可能就有跳进黄河也洗不清的“犯罪纪录”。

有些地雷更是防不胜防，特别针对不懂当地民情的冤大头。北京的某家旅馆是大型食品品牌经营的附属旅店，minibar 自然成了该品牌的贩卖部，跟外面同品牌的产品比起来，包装得较为精致，味道也相同，售价却高上数倍，平民零食顿时化身为贵族精品。对外国游客来说，或许是有异国风情的新鲜玩意儿，认为是旅馆的独家产品，便掏腰包感受在地，甚至买回家当高级纪念土产。

有的旅馆更会将冰箱塞得十分扎实、比军队还有组织，让自带冷藏食物的住客伤透脑筋。要把从超市买回来的苹果平衡而完整的塞进两罐汽水间，可比玩钢索还要消耗脑力，有时我只想重新整理冰箱里的次序，就得耗掉大把时间。

近年来如希尔顿（Hilton）旅馆集团等，为了省去成本而取消了房间的

minibar，有人说这个看似多余的服务将成为历史，其实只要加上更多元的创意，懂得顾客真正的需求，minibar 的可能性就无限宽广。

放冰淇淋的 minibar 最深得我心，纽约的 Soho House 旅店房间冰箱里就提供四盒名牌冰淇淋，让人大感窝心。而有的旅馆 minibar 则诱人到十分危险的地步，提供外面买都买不到或不容易买到的特有产品，让人主动花大钱还甘之如饴。例如与圣史蒂芬大教堂（Saint Stephen's Cathedral）比邻的奥地利维也纳 Do & Co Hotel，套房里的 minibar 不但在墙面上如专业酒吧般挂满一瓶瓶上好选酒，大大满足我这个酒鬼的需求，更提供有着两百多年历史、御用糕饼品牌 Demel（也是 Do & Co 所拥有）的巧克力，不必大排长龙就唾手可得，简直就让嗜食巧克力的我抗拒不了，还买了许多当伴手礼。

日本有些旅馆 minibar 的冰箱几乎是空的，但你不必大费周章上街采买，例如新宿的 Century Southern Tower，有个设想周到的小型便利店，提供日常用品、饮料和零食的各种选择。如此一来，冰箱里摆放的都是满足住客需求的东西。

现代旅馆竞争激烈，有旅馆开始将 minibar 扩充为 Maxi-bar 成为房间亮点，让人失去精打细算的理智。香港 The Upper House 就是这样，提供选择多样的茶包、咖啡、饮料不说，还有如糖果店似的一个个玻璃糖罐，装满各式巧克力、饼干零嘴。若有其他个人要求，也可以让旅店先做准备，例如想进房间就喝到西班牙汽泡酒 Cava，他们会算好冰镇的时间放在冰桶

01

02

01 打开 minibar，精致的零食、巧克力应有尽有，就像是打开百宝箱般有趣。

02 Do & Co Hotel 套房里的 minibar 在墙面上，如专业酒吧般挂满一瓶瓶好酒。

里，让你在最好的温度时品尝到。这样的房间，会令人一整天都不想出去。

有的 minibar 是贴心的暖男来着。W Hotel 除了饮食外，还提供娱乐小玩意儿和丝袜、保护贴等或许神来一笔就会急需的生活用品，几乎像个小型杂货店。有的 minibar 本身就是艺术品，让人想整个搬回家。香港天后级年轻旅店 Tuve，房间桌面放置一个实木制的多宝盒，关起时是精致木箱，展开时则是应有尽有的 minibar，产品多数都是旅店专属的包装。现在高档旅馆喜欢强调使用进口 Nescafe 胶囊咖啡机，这里却个性十足的给你 Made in Hong Kong（香港制造）的 Tuve 挂耳式咖啡包。冰箱里的饮品不是简单的便利店货色，而是从英国、德国搜罗来的特殊啤酒、红茶等，难以在一般超市找到，相当吸引人。

为了避免有人担心 minibar 的食物要价不菲，有旅馆开始免费提供零食或饮料，虽然只是小意思的一瓶水加一包牛奶，但已经不错了。大方一点的，是摆上四瓶矿泉水、四罐啤酒、四瓶 energy drink（能量饮料）、三包零食，加上茶与咖啡，不用花一毛钱，就算不是自己爱的口味，也会心花怒放，全部吃光光。

Info

Soho House　美国／纽约	www.sohohouseny.com
Do&Co Hotel　奥地利／维也纳	www.docohotel.com/en
Century Southern Tower　日本／东京	en.southerntower.co.jp
The Upper House　中国／香港	www.upperhouse.com/en/default
W Hotel　中国／台湾·台北	www.wtaipei.com.tw
Tuve　中国／香港	www.tuve.hk

期待旅馆餐厅来个混搭风

过去的中餐厅、泰式餐厅与西餐厅通常是壁垒分明，设计各有风格，不易搞混，如今 fusion（混搭）的风气渐盛，提供韩国料理却有法式打扮，西式装潢却供应日本便当的餐厅也开始多了起来，全球化让国度和文化的界线变得暧昧不明，也影响着饮食环境。

我有时会想，在旅馆这样一个国际旅人流通、而空间又有所局限的地方，为何还是经常墨守成规，让中西餐厅和酒吧各自为政、各占山头呢？既然同在一个屋檐下，为何我无法到中餐厅点汉堡牛排，而到酒吧时点个炒面配 Mojito 鸡尾酒？或是，同一个餐厅空间，可以设计得东西并用都得宜，保持中性灵活？跨界这件事，照理说在旅馆内可以玩得更尽兴。

当然个人感受不同，有人就是希望各有规矩，旅馆餐厅也极可能为当地人服务，过于混搭也许会失去特色。但身为一个经常得面对时差、口味和心情变化的旅人，还是喜欢在吃这件容易引发选择困难症的事情上，多一点弹性组合。

05

精心设计游泳池，给旅人最清凉风景

因为入住旅店，我养成了游泳的习惯，也因为这习惯，旅馆游泳池成了房间之外我最看重的地方。

不过说来惭愧，虽然经常游泳，我还是很在意游泳池的深度，超过一百五十公分、会淹到脖子高度的，令我有些没安全感，通常不会冒险再前进。涵碧楼的设计大师凯瑞·希尔就很喜欢将游泳池弄得很深，最深至少两米，外表看起来如湖水一般神秘（又或者是他长得非常高，两米根本不算什么），每每入住他所设计的旅店，游泳池是必去的重点，但我会在一百五十公分处放个水瓶当提醒，游到那条自定义的界线便赶快回头。

我也经常在预定前，先打个电话到旅馆询问游泳池深度，德国的旅店总是回答得十分准确，最浅几米、最深几米，都会据实以报，若是南欧或中南美洲的旅馆，就要看运气了，有时答案跟现场完全不一致，说是有豪华泳池其实不过是泡澡缸都有可能，网站上的信息和超广角照片也不太可信。

不少海滨城市虽已拥有无敌海景，仍不吝惜在游泳池上大方投资，例如美国迈阿密海滩旁的旅馆，各个与大西洋海湾争奇斗艳，相互映衬。但也有例外，我在做某个豪华游艇设计工作时，到意大利维亚雷焦（Viareggio）这个海港城市出差。有次决定入住一家号称当地最豪华的五星旅店，网站上游泳池的照片美极了，又大又宽又蔚蓝，让我心生期待。到现场时心情相当愉快，不疑有他地换好装备，跳下水后才发现水深不到五十公分，根本不算游泳池而比较像水景装置，勉强算是儿童池，那令人尴尬惊讶的状况至今仍历历在目。

以长度来说，在寸土寸金的城市中是无法强求的，尤其是巴黎、纽约或伦敦，旅馆附有游泳池已是稀有，就算有多半也是迷你尺寸，可有可无，或者已经不足十米，下降式阶梯还设计得又宽又长、占据大半面积，华而不实。

巴黎的 Hotel Molitor 则是异数，超长的游泳池就是这家旅店的最大主角，也是旅客慕名而至的原因。曾经看过《少年派的奇幻漂流》（*Life of Pi*）电影的影迷，应该对于片头游泳池的画面记忆深刻，那座位于巴黎十六区的美丽公共泳池名为 Piscine Molitor，也就是少年派（Pi）名字的起源，在小说中其清透的水质被形容为："干净得可以煮早餐的咖啡了。"落成于公元一九二九年的 Piscine Molitor 早已是百年来巴黎人的共同休闲记忆，拥有辉煌的故事与传奇。一到夏季，人们会涌入此处大晒阳光，或展示最时髦的泳装，冬日又一点也不浪费地成为溜冰场，留下无数愉快欢笑的画面，是城市中的海滩，如航行地中海的大型邮轮。只是那辉煌在一九八九年戛然而止，泳池因缺乏资金而宣布关闭。

如今，有酒店集团花六年时间对其重建，尽力维持原始建筑的样貌，将其中两层更衣室的格局改为一百二十四间房间，成了 Hotel Molitor。因为了解这段历史，我知道订房时千万别选择更昂贵的高级套房，一定要选择

01

01 Hotel Molitor 的游泳池曾出现在电影《少年派的奇幻漂流》中。

02

02 新加坡 Capella Hotel 的泳池多到一整天都游不完。

面对游泳池的房间。泳池的旖旎风光绝对不输给外面车水马龙的世界，还清凉许多。

迷人的莫斯科什么都建得巨大，奇怪的是酒店游泳池都不成比例地偏小，或许是那城市冬天太长，夏天短得不符合经济效益吧！但我终于在参观 Radisson Royal Hotel（前身为 Hotel Ukraina，为莫斯科斯大林式“七大摩天楼”建筑）时，意外发现它有个五十米长的标准泳池，感到很惊喜。

在人口密集的城市中，新加坡 Marina Bay Sands Hotel 那分成三段、共一百五十米的无边泳池相当惊人，只是那高空海洋的景象太诱人、太有名，我看大多数游客都在拍照，如逛观光街市一般，我想认真来回游泳，却老是被站立嬉闹的人群阻挡。

高楼中的泳池，我最喜爱的是上海 The Puli Hotel & Spa 及东京 Aman，前者如博物馆艺术品般讲究、有深度，后者坐拥东京景色，躺在池畔躺椅上，眼前有云雾飘过，还可以远观底下繁忙的都会生活，那俗世已与自己不再相关，超脱现实。

若要真正感受漂浮空中的滋味，也可尝试空中透明泳池。澳大利亚墨尔本 Adelphi Hotel 的屋顶恒温游泳池是一九八〇年代经典，在旅店九楼、离地二十五米高处，有一段透明玻璃地板，可以一边游泳，一边看路上行人穿梭，路人仰头也可看见“人鱼缸”奇景。近年热门的新加坡 Gallery Hotel，以及香港湾仔 Hotel Indigo 的泳池也取用了这个创意，算不上前卫。

有些旅店是胜在游泳池数量，如澳门 Galaxy Hotel 和新加坡 Capella

Hotel 这样的大型度假酒店，花一整天都游不遍所有泳池，仿佛汪洋一般。

不过，比长宽、多寡，是贴地或飞空更重要的，还是游泳池的安全和卫生。

可以的话，我建议在旅店中夜巡一番，有些设计师似乎不喜欢游泳，也没亲身游过，灯光的设计相当昏暗，有时只有一条细细长长的 LED 撑场，虽然外观因模模糊糊而显得浪漫，但对泳客来说并不方便。又或者灯光照射位置就正对游泳路线，非常刺眼，就如潜水艇打捞沉船时的情景，不堪久待。

针对这一点，就必须称赞香港 The Ritz-Carlton 的户外池区，即使它正对的就是维多利亚港夜景，设计师又在泳池搭起一整个 LED 天棚，放映的也同样是香港夜景，如将城市万家灯火倒转成点点星空，不仅视野上梦幻辽阔，也让整个区域有柔和而充足的光线照耀。

并不是国际连锁酒店就是质量保证。有一次在芝加哥一家我很喜爱的五星酒店游泳时，或许过滤系统出了问题，水里浮着细细白白的不明物体，在灯光照射下四处飘舞，弄得视线朦胧，我几乎看不见迎面而来的泳客。

我也曾在澳门一家拥有悠久历史的集团旅店，游泳游到一半时突然觉得水道限缩，并且有个九十度的墙面尖角突出阻隔，非常危险。可笑的是我找救生员投诉时，他也无奈地摇头说自己也在那里受过伤……

游泳池的爱恨情仇，光是在美轮美奂的池畔晃荡是无法感受的，跳下水认真游个几圈，才看得清真正面目。

03

03 上海 The Puli Hotel & Spa 的游泳池像博物馆艺术品般讲究。

04

04 墨尔本 Adelphi Hotel 的屋顶游泳池有一段透明玻璃地板，可以一边游泳，一边往下看路上行人穿梭。

当然，也有旅店没有挖灌出任何一个蓝色空间，却拥有无人能及的游泳池。在瑞士 Hotel Krafft Basel 旅馆询问哪里可以让我游泳时，服务生气定神闲地指了指窗外那蜿蜒清澈的河流，也给了我一个可漂浮水面的防潮袋，一切就是这么理所当然。我也就管不了那池水到底多深多浅、有多少不明生物，或是我会漂流到何处方休了。

Info

Hotel Molitor　法国／巴黎	www.mltr.fr
Radisson Royal Hotel　俄罗斯／莫斯科	www.radissonblu.com/en/royalhotel-moscow
Marina Bay Sands Hotel　新加坡	www.marinabaysands.com
The Puli Hotel & Spa　中国／上海	www.thepuli.com
Aman Tokyo　日本／东京	www.aman.com/ja-jp/resorts/aman-tokyo
Adelphi Hotel　澳大利亚／墨尔本	www.adelphi.com.au
Galaxy Hotel　中国／澳门	www.galaxymacau.com
Capella Hotel　新加坡	www.capellahotels.com/singapore
The Ritz-Carlton　中国／香港	www.ritzcarlton.com/en/hotels/china/hong-kong
Hotel Krafft Basel　瑞士／巴塞尔	www.krafftbasel.ch

Park Hyatt Seoul

06

Spa 就是要让人完全放松

常有人问我如何在忙碌工作和长途旅行中，保持精神奕奕和灵活状态，是不是有什么积极的大道理？答案其实被动而懒惰：Spa。

因为不想四处寻觅，也不愿浪费做完疗程后那放松的效果，我通常选择在旅馆中做 Spa，花在其中的费用恐怕和房价不相上下。

我们经常说“Time is luxury”（时间便是奢华），这点在 Spa 服务中更应该好好被表现。按摩完本来就该好好休息一番，却常因为“够钟”（广东话，指时间到了）需要急急离开，对身体来说是矛盾的折磨。若留在旅店中，Spa 和房间或许相隔不过几层楼，再回房睡上一场好觉，疗程可以持续一整个晚上到隔天早上，醒来后便脱胎换骨如获新生。

越来越多旅店除了设有 Spa treatment（Spa 疗养）以外，更将 Spa 与住宿两种服务合而为一，而且不一定要远赴郊区或岛屿，就算是在城市中央，也可以发现这样的一站式享受。

每隔一段时间，我有些厌倦香港又没有出外旅行时，就会躲进香港 Grand Hyatt Plateau Spa 住上几天。有一次甚至因家中重建设计的关系，在这里连续住了一个礼拜，一边休养，一边做客户的设计图，开会也在这里，完全不离开，也不回办公室。工作完后，每天选不同的天然浴盐浸浴，晚上九点半就躺在日式 Futon（蒲团床垫）床上享受按摩（包在房价中），十一点直接入睡，要悄悄离开房间的人，只有治疗师自己。

Plateau Spa 的室内设计，是知名旅馆设计师约翰·莫福特（John Morford）的作品，为了将自然界的艺术元素融入惬意的环境中，他大量使用了陶瓷艺术家爱玛·陈（Emma Chan）的鱼、青蛙和乌龟等动物创作，以及摄影师薇拉·莫瑟（Vera Mercer）的田园摄影作品，既有野性又不失高雅。透明的淋浴间很好玩，把门密合、打开水龙头、盖上栓塞，水可以注满整个浴间，甚至到我脖子的高度。人可以像在水族箱里的鱼一般游泳、被观赏，成为另一件房间内的动物摆饰。

莫福特对细节的要求相当高，据说连房间内水果的样式和摆设，也要得到他的同意，水果也是设计的一部分，任何细节都不放过。

房间阳台两边有对猛禽，静静的守候着维多利亚港风景，白日观望中环繁华群象，夜晚迎接船灯往返景致，香港此时成了眼前的电影屏幕，动也不动的鸟儿们只须悠哉看戏。在这里，我清晨五点就会起床，到阳台上欣赏缓缓升起的日出，看着城市天际线间色彩的瞬间转换，感觉身心被洗涤洁净后般轻快。

到泰国来个泰式 Spa，已经是每个旅客必然的指定动作，几乎家家酒店都附设 Spa，平常到我也难说有哪个令人记忆深刻。只有 Grand Hyatt 在曼谷开设的 i.sawan Residental Spa & Club 特别不同，内里除了九间为 Spa 而设的 Bungalow（单层小屋），还有六间 Spa Cottage（独立屋），换言之，你的

01

01 Plateau Spa 房间阳台两边的猛禽，静静守候维多利亚港风景。

02

02 置身在 The Barai 这间 Spa 旅店中，有如在半梦半醒之间。

03

03 入住曼谷的 i.sawan Residental Spa & Club 的独立屋，你的房间就是 Spa room。

房间（不，应该是独立屋）就是 Spa room。

有趣的是，i.sawan 位于整个酒店的五楼花园平台，那些独立屋又与酒店本身的建筑风格截然不同，更接近乡村地区才会出现的传统别墅。当我看见那些别树一格的独立别墅，被周遭的现代化高楼大厦所包围，旁边又有 Skytrain（轻轨）铁路的快车呼啸而过时，颇有时空错置之感，就像是旧时代产物，突然透过时光机穿梭空降到未来。但身处其中又不觉得嘈杂，有绿油油的树木作屏障与外界区隔，隐私已是足够。

在这里做 Spa，不会有时间限制你何时要离开，就这样懒洋洋地躺回自己的床上，只要记得 check out 时间就好。我入住当日就享受完半小时泰式按摩，之后整个晚上和第二天早晨都留在房里，完全没有心思和时间再去别的地方，这才是真正的放松。

然而老实说，旅馆 Spa 的竞争已白热化，精打细算的房客也越来越多，对他们而言，房间与 Spa 间的距离不是问题，关键是若附近就有价钱便宜三分之二的高档连锁店，何苦花大钱砸在服务差不多的酒店里。这样的情况下，千篇一律、标准化的旅馆 Spa 便逐渐不能满足需求，从预定、入门、Spa 精油选择、进行疗程到付款，应该要更个人化、更体贴入微才有优势。

例如，许多国际连锁旅馆的 Spa 按摩师因为受过统一训练，说的话都大同小异，没有感情，结束 Spa 后，他们也常说：“休息一下，我在外面等您。”这样听似礼貌的提醒，其实颇具时限压力：有人等着你，所以不要太慢啊！高档酒店的优势，就是有精美的餐点、三温暖和绝佳风景，何不让客人消磨时光，半天的疗程就不疾不徐，待上一整天也行。半岛酒店与Aman系列酒店等，在这一点上都特别大方。

特殊的景观、地点或装潢，都可以是旅店Spa吸引人之处，但对我来说，能不能掌握Spa的流程更是重要，高明的话，就会在空间设计和服务中，引导旅客慢慢从现实中脱离，一一解开束缚，感觉每一寸肌肤神经到内在灵魂，都被细心呵护，渐入梦境般的纾放境界。

The Barai是从Hyatt Regency Hua Hin独立出来的Spa旅店，没有明显的招牌，需要预约好让专人带领前往，从那粉砖色的围墙寻到狭窄的入口，再穿越烛光暧昧的长廊，才通往大厅和那像是未来宫殿般的中庭。它的面积特别大，然而只有分为上下两房的四间别墅。我住的是楼上的套房，起码有一百五十平方米大，可以提供一家人同住或办个疯狂派对。我是一个人霸占两米乘四米的大床，奢侈地享受彻底放松的私密。

第一天入住，我让管家作导览，像是看遍各式各样的异想国度。第二天我就自己尝试着摸索路径，花了很多时间寻找出口，却十分乐在其中。旅店由泰国知名建筑师莱克·布纳格（Lek Bunnag）设计，在建盖的过程中，完全没有伤害到一棵树，地板或墙面也会留出让树木生长的空隙。我住的房间门口，就有一根树枝穿越地板而过。建筑与自然融为一体，让享受Spa的过程更富禅意。

布纳格曾说，这间旅店的设计，都是他做梦时见过的景象，在这里，我也像个梦游的人，游移在半梦半醒、真实与虚幻之间。

现在全世界有很多Spa水疗中心，不知道为何，它们的广告形象几乎千篇一律：东南亚风的布置，浴缸中美女的裸背，水里洒了玫瑰花瓣，旁边点着香氛蜡烛……The Barai的Spa区不需要这些元素煽动，它静置的画面就是一幅艺术杰作，引人入胜。除了迷迷蒙蒙的烛光，酒店十分擅长用自然光线作为天然装潢。做Spa的时候，我模模糊糊地看着太阳光影在庭院中移动变化，觉得时间过得特别快。

然而，我的身心灵都慢下来了。

Info

Plateau Spa 中国／香港	www.hyatt.com/corporate/spas/Plateau-Spa/zh-hant/home.html
i.sawan Residental Spa&Club 泰国／曼谷	www.hyatt.com/corporate/spas/I-Sawan-Residential-Spa-and-Club/en/home.html
The Barai 泰国／华欣	www.thebarai.com

07

不一样的健身房，让运动成为最高享受

健身房（gym）过去在旅店设施中，常常沦为可有可无的配角，舍不得被放在好一点的空间中，不是深埋“地库”（香港用语，意思是地下室），就是塞进建筑中没太多用处的房间。随着运动风气渐盛，健身房的地位开始有所改善，创意也有增多。

一边运动一边欣赏美好风光，对于身心放松不但大有益处，也能增加在旅店内健身的意愿。东京 Park Hyatt、东京 Andaz Hotel 等高层旅馆，都将最好的景观留给了健身房，夜晚在其中跑步，犹如漫步群楼星空之上，白日做瑜伽时，随着云雾飘移，能更快进入深沉冥想之中。香港最高的 Ritz-Carlton 把健身室和游泳池一起放在一百一十八层，更有宽敞的户外暖身运动空间和户外按摩浴池，维多利亚港畔风光犹如迷你乐高积木，浮云成了百看不腻的屏幕，为此我还成为旅馆忠心的长期会员。

躲在室内呼吸空调制造的冷气，似乎还是不够健康，美国得克萨斯州达拉斯的 Hyatt Regency，则把一整层中空的逃生层规划成慢跑道，几乎是一个公园规模，让人在真实室外温度与新鲜空气中尽情流汗，又能够任意变换眼前景色角度，不必盯着眼前的电视屏幕，像只滚轮中不断定点奔跑的老鼠。

迈阿密海滩则有不少旅馆，甚至将健身房设在沙滩上，与大自然零距离。

01

01 德国 25 Hours Bikini 的房间墙面放了一台单车，随时可以向旅店租借。

02

KUNGSGATAN
NORRLANDSGATAN
BIRGER JARLSGATAN
Acne
HAMNGATAN
STRANDVÄGEN

03

04

02 Vigilius Mountain Resort 没有固定的健身房，但处处都是极佳的健身场域。

03 瑞典 Ett Hem 给旅客一张精美可爱的地图，上面有城中最佳慢跑路径。（摄影：张伟乐）

04 曼谷 The Siam Hotel 的健身房有泰拳课程，我和教练（右）正在上课。（摄影：The Siam Hotel 总经理 Jason M. Friedman）

有些旅店的活动就是打发时间的重头戏，意大利北部的 Vigilius Mountain Resort，除了一步一脚印的登山，只能搭乘缆车到达。度假区里没有一丝来自车辆的乌烟瘴气，空气纯净新鲜极了，呼吸一会儿就能彻底洗涤身心。旅店提供了各种活动，没有所谓固定的 gym，却也处处都是极佳的健身场域。运动神经不算太好的我，在这里第一次尝试射箭，在专业教练的指导下，成功到不至于伤害另一个德国籍箭友。射完箭，我还参加了一小时的瑜伽课程（虽然最多只能做到拉拉筋的程度），午后阳光透过木条格墙洒落游移入室，脑袋总是转个不停的我终于停了下来，感到无比平和。

比起豪华硬件设施，好的健身教练较为难求。曼谷 The Siam Hotel 里有多元的娱乐室与健身房，但它独有的泰拳课程最吸引我，教练是当地大名鼎鼎的冠军级人物，有丰富的经验和实力。那是我第一次体验泰拳，在他的指导下，激发了我从未想过的潜能。更棒的是，我可以用力挥打泰拳冠军，而他绝不会还手。

没有那么多资源的中小型旅馆，就算没有空间预算，也不代表它与运动无缘。现在伦敦、巴黎和纽约的小型旅馆，虽然摆不下运动设施，但盛行和周遭的体育中心或健身房合作，让住客可以使用。

由鬼才菲利普·史塔克设计的伦敦旅店 St. Martins Lane Hotel 房间里，摆了瑜伽垫，就算不做瑜伽也觉得诚意到位，而同在伦敦的 Sanderson Hotel 房间更放了哑铃。德国 25 Hours Bikini 的房间墙面就放了一台单车，随时可以向旅店租借，以环保的方式游览柏林。

瑞典斯德哥尔摩的 Ett Hem 则没有供应瑜伽垫也不给单车，但送了一张绘制得相当精美可爱的地图，告诉你城中最佳慢跑路径，还有特选景点手绘介绍，拿在手上，连不喜欢跑步的我，也要按图漫步几圈，才对得起旅店主人的心意。

整个城市都是我的健身房，似乎更浪漫、更能随心所欲。

Info

Hyatt Regency Dallas 美国／达拉斯	dallas.regency.hyatt.com
Vigilius Mountain Resort 意大利／拉纳	www.vigilius.it
The Siam Hotel 泰国／曼谷	www.thesiamhotel.com
St.Martins Lane Hotel 英国／伦敦	www.morganshotelgroup.com/originals/originals-st-martins-lane-london
Sanderson Hotel 英国／伦敦	www.morganshotelgroup.com/originals/originals-sanderson-london
Ett Hem 瑞典／斯德哥尔摩	www.etthem.se

08

艺术品与旅店空间完美融合

身为设计师，总是想着要让自己的作品本身就是杰出的艺术，干干净净就好，无须加上其他绘画、古董雕刻或照片等锦上添花。只是，现实中有些业主或许本身是收藏家，或者迷信“多就是美”的规则，会坚持空间中一定要出现艺术品才显品位。对此我并不认为谁对谁错，但还是会坚持若要如此，就必须在设计一开始便想清楚，而不是在空间建筑好之后，强行将两者随意凑合，造成四不像的悲剧。

这种情况下，旅馆建筑师、室内设计师与艺术顾问之间的沟通合作，就非常重要，一定要从第一天开始到收尾都一起参与，才能产生相互加分的化学作用。

欧洲（尤其德语地区）近年来很风行 Art Hotel，就是将旅店视为美术馆般，陈列经典或当地新兴创作，住客可以有充沛的时间沉浸在艺术环境中，实际利用。我经常会体验到，如此标榜着“art”的旅店，有很大机会因为艺术品过于抢戏，而忽略了空间设计的角色，比较像艺廊，而不是真正舒适的居所，就只是在一个无聊的房间放入床和各自为政的绘画雕刻，没多加考虑。

让艺术家专门为空间而创作，会是比较有趣协调的做法。丹麦哥本哈根的 Hotel Fox，原来叫 Park Hotel，是个平凡无奇的廉价旅馆，二〇〇五年年初，福斯（Volkswagen）汽车公司为了宣传新车，邀集了世界各地二十一个涂鸦画家、插画家与平面设计师，各自负责打理六十一个房间的改造及创作计划，他们不仅可以随心所欲挥洒所长，也可以决定新地板、窗帘等用何种材质，只有浴室和床的标准无法更动，让旧旅店脱胎换骨……

这个原本一时兴起的短期公关活动，由于成果太令人惊艳，最后让 Hotel Fox 长期经营了约十年，成为全球最酷的旅馆之一，每个房间都独一无二。我拜访时入住的是三〇六号房，由一位身兼摄影师与音乐人的挪威艺术家所打理。他打破格局，将房间所有必需物品都放在中央位置，无论睡床、衣柜或书桌都连成一体，全部漆成白色，但又神来一笔在某个角落挥洒几抹鲜艳彩色，叫人寻觅玩味。二〇一四年以后，这间旅馆被 Brochner 旅馆集团接收，整修为精品旅店 SP34。

无论在哪个领域，跨界合作如今都蔚为风尚。将旅馆刻意打造为艺术空间的米兰 Hotel Maison Moschino，就是时装品牌跨足精品旅馆的绝佳例子，Moschino 和意大利旅馆集团 Mobygest 合作，让一九八〇年代的米兰首座火车站，化身为超现实旅店。进入里头像走进童话世界一般，尤其深受女性喜爱，不时会听到此起彼落的惊呼声。我入住时刻意选择较中性、自然且素净的房间 The Forest，以树枝为床柱，台灯是一只维妙维肖的猫头鹰，夜晚入梦时我便走入一座无人森林，只有皎洁的月光伴我同行，心情意外平静……醒来时头十秒，我以为还在梦中漫游。

01

01 Hotel Fox 邀请不同的涂鸦画家、插画家与平面设计师设计空间，打造出酷味十足的旅馆。

不少顶级旅馆拥有媲美博物馆等级的艺术品展示，甚至拥有数以千计的珍藏，散置各处如藏在迷宫里的惊喜，等待入客近距离鉴赏，可惜多数没有一一附上介绍艺术品的牌子或小册子，不然我也想多认识那些看来意涵丰厚的作品，知道是哪一个艺术家的心血结晶。苏黎世 Park Hyatt 便特别用心，为旅馆内珍藏附上简介，印了如同艺术馆导览的手册，详细记录每件艺术品摆放的位置和创作者，极看重地给了它们名份和地位，也给了我深刻印象。

纽约与东京的 Andaz Hotel 都是由美籍华人设计师季裕堂（Tony Chi）参与操刀，也是我心目中艺术与空间完美融合的最佳案例。在设计规划之初，就邀请了许多本地名家一同参与，为旅馆量身打造创作，即便艺术家大师们风格各自迥异，透过空间配合，也能让整体发挥出雅致和谐的效果，并各自展现纽约与日本的文化精髓。

我对东京虎之丘 Andaz Hotel 的电梯景象难以忘怀，里头有一幅纸雕立体鱼作品，没有任何色彩，只是纯朴的纸张原色便引人入胜，加上玻璃外罩的凝结效果与光线反射，那原是死物的鱼群变得栩栩如生，让我忍不住多坐几趟电梯细细欣赏。艺术家将传统经过一层高明的转化，让艺术品显得既具深度又个性十足，也让原本单调、不想花时间在内等候的封闭空间，顿时变得有趣、活泼而辽阔。

艺术品与旅店空间的关系，并非如鱼与水般互不可缺，但若是合作无间，也是相敬相惜的理想伴侣。

02

02 Hotel Maison Moschino 有童话世界一般的场景。

03 Andaz Hotel 电梯里头有栩栩如生的纸雕立体鱼作品。

03

Info

Hotel Fox（现 Hotel SP34） 丹麦／哥本哈根	www.brochner-hotels.dk/our-hotels/sp34
Hotel Maison Moschino 意大利／米兰	www.facebook.com/pages/Maison-Moschino/158293654189725
Park Hyatt 瑞士／苏黎世	zurich.park.hyatt.com
Andaz Toranomon Hills 日本／东京	tokyo.andaz.hyatt.com

ballroom 的灵活度越大越好

大型旅馆对于 ballroom（跳舞大厅或宴会厅）的重视程度经常超乎想象，也肯砸下大量预算与心力打造这个空间，设置大型水晶灯、亮丽舞台、落地窗加豪华厚窗帘，甚至还有艺术浮雕等，似乎越豪华越引人注目才显气派。我却觉得，ballroom 的设计应该是越简单、灵活性越大越好，是旅店中最需要留白的环境。

现代人搞活动，总是有相当多要求，办婚礼与开记者说明会，也有不同的格局需要，一个固定样貌的 ballroom，恐怕会局限了许多创意和对个性化的追求。婚礼只能浪漫粉彩，不能使用冷酷的意境吗？若想办的是互揭疮疤的离婚派对呢？给一个素净无太多装饰的房间，活动举办者就更能依照自己的想法，做出接近理想的临时设计。

我曾帮忙在一个朋友的活动上设计 ballroom 场景，环境极简，没有多余装饰，反而让我有更大空间和弹性发挥创造力，在现场做出一个气氛高雅的大型球型装置，这在其他许多地方是不被容许的。

但是有些旅店的 ballroom 太美好了，只能甘心迁就。巴黎 Shangri-la 位于十六区，就毗邻特罗卡德罗广场（Place du Trocadero）、塞纳–马恩省河和香榭丽舍大道的精华地段，埃菲尔铁塔就在眼前，但又能稍稍避开游客鼎沸的街道，闹中取静。最特别之处，是建筑接手了拿破仑（Napoleon Bonaparte）的侄孙罗兰·波拿巴王子（Prince Roland Bonaparte）十九世纪官邸的旧址，将富丽堂皇如宫殿一般的贵族私地，开放为公开旅馆，让人渴望一探究竟。

我想象自己是个受邀到此的贵客，随着女侍（一个不会说中文的华人服务生）穿梭过一间间金碧辉煌的厅堂，到达 ballroom 时，就算没有现场演奏，也仿佛依稀听到古典音乐绕耳，没有穿着正式燕尾服，也情不自禁微微屈膝行礼，仿佛踩着轻快舞步，踏入了那个绮丽年代。

Shangri-La Hotel

Chapter 5

精准定位，创造独一无二的体验

01

有如秘密花园的旅店

世界上有许多事物的界线越来越模糊，像是你以为都市中心就应该车水马龙、忙碌紧张，但在那些最引人物欲的名牌百货、高楼大厦之间，转一个小弯，说不定就有如葡萄园般安静的地方。

过去我们以为只有郊外、海滩、高山上才找得到的度假中心，现在也渐渐出没在城市心脏地带，把原本要走进大自然深处才能感受到的灵魂私密和慰藉，搬进数百万人群出没的喧闹之处，那种反差，正是这类旅店最迷人的地方。

要找个桃花源透口气，或许只要下班挤几站地铁，穿越几座行色匆匆的人墙后就到了。现实与逃避现实之间，只隔了一道旋转门。

Bulgari Hotel and Resort，就是我在米兰的秘密花园。

米兰大概是最不像意大利的意大利城市，这里的效率更像德国一些，时尚信息在这里川流不息，对工作的要求很高。米兰的外表不如罗马般处处精彩，在第二次世界大战时被炸毁了许多容颜，也没什么动人心魄的天然风光，对纯粹走马观花的观光客来说，除了购物和街道上的俊男美女以外，并非十分吸引人。

但对我们做设计的人来说，米兰很多地方都是“躲起来”的，也就是有趣的东西都被藏起来了。

Bulgari Hotel and Resort 这家旅店，明明位处米兰最繁华的中心地带，明明蒙特拿破仑大街（Via Montenapoleone）和曼佐尼街（Via Manzoni）等名店街与斯卡拉广场（Piazza Della Scala）近在咫尺，旅馆门口前却独享一条直达的单行道，隐密性很高，似乎与纷扰的现实世界互不相干。在外面疯狂血拼回来，走入饭店时，原本充满物质欲望的心灵会顿时沉静下来，不会再贪恋那些该买却还未买的东西，脚步不知不觉慢下来。

建筑前身是一座十七世纪的古老修道院，如今仍保留了三面外墙。为了不辜负它的经典历史，设计师安东尼奥·奇特里奥（Antonio Citterio）对于物料的使用十分尽心且不计成本，公共空间使用黑色赞比亚大理石，Spa 用了高档的意大利石与土耳其石，泳池细致地铺上了金色马赛克小磁砖，我房间的浴缸则是整块石材砌成，地面有最漂亮的缅甸柚木和橡木……另外，还有许多内行人也不禁赞叹的细节，例如将浴室与睡房隔开的玻璃褶门，线条又细又高，只用了精细到几乎看不见的门铰固定。这些豪华却绝不俗艳的表现，都是模仿不来的意大利设计精髓。

这间旅馆的个性就如米兰，让 Luxury（奢侈）这个一不小心就会过度浮夸的概念收放自如，赋予质感和内涵，化身为艺术。

Bulgari Hotel and Resort 就位于米兰十八世纪中期的植物公园旁边，但旅馆内又暗藏一个四千多平方米的私人花园，相连起来，成为城中绿肺。连它停车场的漩涡设计，都像在花园里漫步的蜗牛那般自然。

我问过许多住在伦敦的朋友，他们都有一个关于一九八〇年代的共同

01

01 史塔克在 Faena Hotel+Universe 这间旅店，淋漓尽致地发挥了筑梦者的精神。

记忆，那就是 Blakes Hotel。当我向一位知名女服装设计师提起这家旅馆时，她脸上立刻露出兴奋的神情："嘿！那就是我跟老公结婚前，第一次吃饭约会的地方。"那顿让两人掏心的晚饭，造就了一段深厚的情缘。

对不少伦敦人来说，Blakes Hotel 至今都是他们"心灵的 Retreat"。不管你在其他公共场所多么需要装模作样，到这里来就可以获得绝对的安心和放松。

而由阿瑙斯卡·汉姆贝尔（Anouska Hempel）打理的 Blakes，有"设计酒店的始祖"之称。就算是三十多年后的今天，和成堆冒出的新兴 Hip Hotel（新潮酒店）比起来，Blakes 仍是让人惊喜连连的地方，历久弥新。在这旅店可以看出汉姆贝尔非凡的功力：她将许许多多新旧交错、东方与西方的迥异元素，塞满了这间小旅馆，几乎看不见什么留白之处，如博物馆般琳琅满目，房间的细节布局到颜色都不一样，放在一起却很好看。又好像是一个喜爱到世界各处旅行的人，把一生收藏的稀有宝物通通放到自己的家一般，充满了感情。

尽管室内如此多彩缤纷，Blakes 的建筑却像是伦敦的一般 Town House（联排别墅），外墙用低调的黑色涂妆，承袭了伦敦人闷骚的性格。

我住在它最便宜的单人房，应该是所有房间中最低调的，色调是黑白灰三色，凑巧的是，房间墙面满满地挂了二十四幅建筑绘图，仿佛知道入住的人是个建筑设计师。房间很小，却处处是汉姆贝尔经营的巧思。地上铺的草席地毯和床铺上触感柔软的针织床单，连浴袍的织工和触感都好极了，皮肤不用做 Spa 就很放松。

菲利普·史塔克设计的众多旅店中，Faena Hotel+Universe 是我认为最精彩的作品之一。

这家旅店位于阿根廷首都布宜诺斯艾利斯的马德罗港（Puerto Madero）地区，十九世纪时是船坞区，区内保留了许多当时的红砖旧坞，而 Faena Hotel+Universe 的前身便是一幢旧面粉厂。一向大胆前卫、鬼灵精怪的史塔克，在这栋充满历史感的建筑里，可说用尽了心机去设计，淋漓尽致的发挥筑梦者的精神。尤其是他这次加入了西班牙的古典精神，老东西成了十分独特的设计。

不管是旅馆内部四处或是我的房间四面墙，都挂满了戏剧效果十足的红色布幔，再加上金色与白色交错的家具。这些喜宴上常见的老土颜色，在这个设计顽童手中，却成为一点也不老土的艺术。若将房间四面布幔拉起，配合暧昧光线，恍如落入超现实世界，让人想起了大卫·林奇（David Lynch）电影里梦境般的场景。

旅店餐厅“El Bistro”却是截然不同的雪白世界，墙面上挂着动物头像的老把戏，史塔克异想天开地换成陶瓷独角兽头，将炫富的残酷装潢化为充满异想的游戏。

我特别喜欢从我的五〇二号房间往外望去的景观，刚好一面是悠闲的游泳池，一墙之外便是车水马龙的马路，一慢一快，一悠哉一庸碌，两种不同的世界对比，游走于梦幻与现实。

02

02 汉姆贝尔结合东方与西方的迥异元素，让 Blakes Hotel 如博物馆般琳琅满目。

03

03 Bulgari Hotel and Resort 是我在米兰的秘密花园。

当午夜钟声响起，旅店里的舞厅才正要开启，Tango（探戈）的火热音乐演奏到天光。想真正进入梦乡，却舍不得离开。

虽然是位于维也纳市中心，但 Hotel im Palais Schwarzenberg 却罕见地拥有私家大花园，每个拜访的人都会经过带点蜿蜒的石头路，途经大花园，最后才到酒店门口，过程就像进入两百多年前巴洛克宫廷古堡的年代，只差没搭马车前来。

酒店的前身是 Schwarzenberg 家族王子为避暑而设的夏宫，经过战火后曾多次翻新，如今气魄恢宏的主楼仍完整保存，内里陈列着各式古董家具，仿佛停在奥地利最辉煌的时候。

多数人到此是想感受贵族气息，我不选主楼，反而挑选了左边东翼的 Designers Park Room，是以前仆从的住处，但这里出去后就是环绕整个行宫的 Ring Road（环路），占地十八英亩的欧洲花园就在眼前。我早晚都会出来散步，独享恬静的绿色景致。

The Puli Hotel & Spa 则是我在上海的“大老婆”，从不让我失望，每次入住都能发现它更深沉的内涵，非常安心。从外头车水马龙的现实中进入这个旅店，仿佛瞬间穿越松竹密布的静谧世界，充满东方禅味的氛围，让原本喧扰的心境如瀑布灌顶般冷却平静，甚至忍不住放轻脚步、放低声量。

身处于不似上海的上海，这里更像是不惹尘埃的深山殿堂。

Info

Bulgari Hotel and Resort 意大利／米兰	www.bulgarihotels.com/en_US/milan
Blakes Hotel 英国／伦敦	www.blakeshotels.com
Faena Hotel+Universe 阿根廷／布宜诺斯艾利斯	www.faena.com
Hotel im Palais Schwarzenberg 奥地利／维也纳	castleandpalacehotels.com
The Puli Hotel&Spa 中国／上海	www.thepuli.com

02

大胆实验的旅店

在过去，旅店好像有很多标准存在，例如电梯到房间的距离不能超过多少，房间一定只有一个主要入口，餐厅有一定的开放时间、逾时不候。

现在，很多标准都被打破了，即使是集团式酒店，也会开始思考如何打造出更具创意、更符合人性，甚至结合当地文化的环境。这需要经验，也需要实验的勇气。

实验，并不是只做一些奇奇怪怪、不按常理出牌的事，光是打破规矩、却脱离人性基本需求的创意，其实没什么意思，特别是对于主要为居住而存在的旅馆来说，实验，是为了让人们有更好的生活。

Les Cols Pavellons 位于火山群环绕的西班牙奥洛特小镇，旁边是卡萨罗（Garrotxa）火山自然保护区。西班牙近年来有许多实验性强烈的旅店诞生，像是 Les Cols Pavellons，是米其林二星级餐厅 Les Cols 为了食客着想，特别邀请西班牙新锐、备受瞩目的 RCR 建筑事务所，在餐厅附近设计的一座独特居所。食客可以在尽情享用完美食美酒后，再缓缓迈着醺醉步伐进住一宿，将那飨宴营造出的飘飘然体验，从味蕾延续到整个身心内在。

舍弃水泥砖墙，Les Cols Pavellons 大胆地使用玻璃铺砌旅店，将大自然画面一点也不浪费地纳入装潢。因为是半透明的，一开始进入房内，视线就如刚刚走入暗室之中般混沌，我先是呆立几分钟，再静下心来，让自己逐渐适应房间内如冰砖切出的几何线条，要搞清楚室内或室外，要摸索一阵子才能豁然开朗。一切都是清凉的碧绿色，在我睡前微醺的意识下化成了变幻莫测的湖水。

而果真就像入住湖底，旅馆不提供 iPad 插座，也没有网络、电视和电子产品，开关灯只须使用两个上下简易按键，让人彻底从充斥复杂科技的世界中 off line（离线）。房间内设有 Spa 等级的浴池，浸浴时抬头便是云朵浮荡。地板下则可见火山岩面裸露，如水波般的线条，像是凝结的海浪，虽静似动。透过这个充满禅意的空间，我能真正地与天空、大地作深度的交流，和自己对话。

住在西班牙马德里的 Silken Puerta America，也总是觉得时间不够。

我住过那里两次，每次长达五天，每个晚上都会换不同的房间。第十二层是法国建筑大师让·努维尔结合魔幻色彩与冷静线条的艺术之作，第一层是扎哈·哈迪德充满流动感的数字空间，矶崎新为第十层带进日本简约禅意……我像个胡乱玩耍的顽童，假装是误闯虚拟世界的迷途者，不知下一步会落入何种时空，既期待又怕受伤害地开启着每一道门。

这里的故事，说上三天三夜都说不完。

整栋旅店就如同建筑万花筒一般，大师们各显神通，在标准的房间限制下（大约三十平方米）大玩不标准的创意，让人每一晚都像是住进了不同的旅店。

我最喜欢的则是扎哈·哈迪德设计的楼层房间，有纯黑或纯白两种颜色，两种我都住过。纯白的房间就如未来世界的科技洞穴，所有线条如喷溅而出的牛奶，几乎看不见任何垂直平面，具有生命般的流动感。只有一点小麻烦，就是我的笔很难好好放在桌面而不顽皮地滚动。而黑色的房间就如落入人体深处，让我几乎找不到自己黑色的行李箱，我的物品又多是黑鸦鸦的颜色，以至于花了一小时才把东西整理清楚。

设计伦敦千禧桥的诺曼·弗斯特的房间设计简约实用，但处处可以见到真正“luxury”的表现，更令人兴奋的是，房间里所有东西都是他的产品。而英国产品设计师罗恩·阿拉德的房间，则将所有起居集中在中间位置，有如多功能家具般，床的后方就是厕所，四周墙面则保持留白，彻底打破旅馆房间的刻板样式。

约翰·波森（John Pawson）则在旅馆大厅里藏了一个恶作剧般的设计，墙边有个像休憩座椅的设计，但其实是水池，有许多客人因此坐了下去湿了屁股，大概是投诉太多，我后来再造访这家旅馆时，水就放空了，少了点生气。

这样破天荒的构想加上世界级阵容，一开幕时自然吸引大批媒体眼光，但奇怪的是不到半年却突然失了宠，少有人再提起。一方面可能是随后各式各样的新式酒店如雨后春笋般出现，另一方面，旅店虽有能力集结如此多世界建筑高手，但或许是每个人各做各的，没有一个整体的想法，最后无法产生太大的化学变化。

然而它大胆实验的精神，和一次遍览大师创作、房价却不昂贵的 CP 值（性价比），还是让我一去再去，有机会便一再提起。

对于西班牙巴塞罗那的 Casa Camper，我会强烈建议 ：到这里来，宁愿选择较便宜的普通客房居住，也不要去较高价的套房！虽然后者较大，但前者更与众不同，付一个房间的价钱却可以享用两种独立空间。

Casa Camper 是休闲鞋品牌 Camper 的第一家实验旅馆。打开睡房，最先吸引我注意的，是墙面一长排二十四个挂钩，让你足够将所有衣物挂上，甚至还可以把房间的灯给挂上，自由调整光源的位置。窗户外面对的是一个精心安排的 internal courtyard（室内花园），数十个盆栽足足排了七层，形成垂直的花园景观，既不占空间又可以增添宁静绿意。

经过中间的公众走廊，再用钥匙打开另一扇门，对面还有一间专属于自己的小客厅，除了有梳妆桌椅外，还有一张横跨空间的室内吊床，在上面可以舒服地打个小盹。这个突发奇想的设计，让我后来在香港自家也摆了张吊床。窗外风景则是截然不同的巴塞罗那市区街道，可以望见人来人往。

想离群索居，便待在睡房，想融入城市与之对话，就走入客厅。订一间房便满足了动与静的双重感官享受，打破传统旅店的房间格局。

巴塞罗那是个不断努力更新的城市，包括为旧区注入新的创意活力。

而 Casa Camper 就位于十分地道又力求文化再生的旧区拉瓦尔（El Raval），前身是十九世纪的建筑物，由西班牙著名生活杂货店 Vinçon 的设计师费尔南多·阿马特（Fernando Amat）打理，除了保留原建筑的味道以外，更力求与现代巴塞罗那的在地生活做融合，大厅里的柜饰，是原建筑里的“遗物”，就如小型博物馆一般，而接待处也细心提供充足的单车，供旅客实际深入城市大街小巷。

01

02

01 Silken Puerta America 旅店中的第十二层是努维尔结合魔幻色彩与冷静线条的艺术之作。
02 East Hotel 的设计充满冲突又圆融并置的错觉和异想。

03

03 Silken Puerta America 旅店中，哈迪德设计的黑色房间。

和 Camper 这个品牌“Back to Basic”（回归基本）的精神一样，在追求创意之外，Casa Camper 也是一家讲究实际的酒店，所用的布置与家具都质量极佳、实用且没有多余浪费。从说明书的用字到室内拖鞋（当然是 Camper 的牌子），都给人一种温暖亲切的感觉。也因此，身为 Hip Hotel，它的主流住客却不一定只是爱尝鲜的年轻族群，反而可以见到许多年纪较大或商务的住客进出。

最让人满足的是，在旅店的 Lounge（休息室）里，二十四小时都可以享用地道的西班牙塔帕斯（Tapas）[1] 和甜品，凌晨肚子饿也不需要上街觅食。如此慷慨的旅店世间少有。

Casa Camper 的实验精神就在于，把所有跟基本生活需求相关的事物，重新思考如何做得更好。

如果你是画家达利（Dali）迷，一定会喜欢德国汉堡的 East Hotel，如果你个性又爱追求小小刺激，那正好，它就位于著名的红灯区圣保利（St. Pauli，又名 Reeperbahn）。

其实现今欧洲许多红灯区，已是城市中最潮的旅游地，不少时尚酒店或店铺都会选在这里开设，成为另类风景，贪的，就是人们想使点小坏的好奇心。

---

1 “塔帕斯”在西班牙饮食中，指正餐之前、作为前菜食用的各种小吃，通常作为下酒菜。凉菜有各式奶酪及橄榄等，热菜则有油炸物等。——编辑注

East Hotel 位于一幢旧式砖石建筑中，前身是一间钢铁工厂，不仅保留了外墙，内部空间也依旧原汁原味，不是只有空壳却失去灵魂的牌坊式古迹。设计师是来自美国芝加哥的乔丹·莫瑟（Jordan Mozer），他善用“高楼底”（广东话，意思是天花板很高）的特色，也懂得如何在老空间中融入现代风格，整个旅店充满亦新亦旧、不新又不旧的玩意儿。

像是入口大厅用了欧洲教堂老式彩色玻璃，但墙壁与吊灯又充满奇幻风格，将传统与前卫混搭成第三种趣味。

学过艺术的建筑师莫瑟负责旅店大小细节，无论大型家具或小灯饰都由他亲自操刀，每一件都有造型不规则、歪歪斜斜的感觉，就像达利的超现实画风；不规则的书桌和睡床连在一块，酒吧和洗手盆结合在一起，而梳妆镜、椅子、桌子和落地灯犹如有脚可以走动的生物体……公共空间中的酒吧和餐厅也是这样，加上色调搭衬，充满既冲突又圆融并置的错觉和异想。这种带点夸张、卡通化的作风颇为大胆，一过头，就会变得俗艳做作，但他却玩得得心应手，整体安排得环环相扣，若不是学养深厚，绝对做不到。

Info

Les Cols Pavellons　西班牙／奥洛特	www.lescolspavellons.com
Silken Puerta America　西班牙／马德里	www.hoteles-silken.com/en/hotels/puerta-america-madrid
Casa Camper　西班牙／巴塞罗那	www.casacamper.com/barcelona
East Hotel　德国／汉堡	www.east-hamburg.de

04

04 Casa Camper 房间内的小客厅，居然有一张室内吊床。这里的布置与家具不但质量极佳，且具实用性。

05

05 Les Cols Pavellons 用玻璃铺砌旅店，将大自然画面纳入装潢。

03

旅店本身就是目的地

我买了机票、通过海关、离开城市、爬着山坡、搭上火车、骑坐骆驼……这样的跋涉，目的地只有一个——旅店。而后，即使只在里头待上一个星期，还是行程满满，不觉得厌腻，宁愿赖在那旅店里半梦半醒，暂时不问外头的世界如何峰回路转。

一间旅馆的世界，有时就像一座独立小镇，不需要再到其他地方才算旅行，赖在里头一样精彩。

这几年迪拜俨然成为一个大型的主题式都会乐园，各式各样的尊贵旅店风起云涌，有七星级帆船，有沙漠城堡，还有中东亚特兰蒂斯，等等，令人眼花撩乱。但那些过度刻意的布景、金碧辉煌的色彩、不断灌输着消费讯号的商店、大同小异的纪念品，等等，看多了便过度甜腻得令人只想浅尝。

但 Bab Al Shams Desert Resort & Spa 与众不同，虽然也是以中东传统为题的 theme hotel（主题式酒店），相对却十分低调，不会大喇喇地绘画神灯，也没有眩目的花哨金银，更不刻意硬添昂贵古董，却将中东的神秘气息发挥得淋漓尽致。

Bab Al Shams 是一座从沙漠中无中生有的仿古城建筑，远远望去，如同海市蜃楼一般，让人摸不清是真是虚。我是它开业不到一个月时，在迪拜临时退订其他旅店才去的（因为受不了原来旅店的嘈杂和刻意装潢）。这里的标示非常小巧别致，不特别去看就不会发现。仿古的装潢与朴拙家具，都让人觉得不着痕迹，设计功力沉稳。旅店和房间内墙面并没有挂画或艺术装置，利用天然光线与中东古董灯，在素净的墙面上游移生姿、半遮半掩，创作出暧昧而挑动感官的景象。

旅店内走廊如古穴般迂迂回回，连我这么聪明的人，在里面也会走失。然而在这里就算是迷路，也是一件迷人的事。晚餐后喝了一两杯酒之后，走在里面更是迷蒙，每个转角都像是不同世界，光影绰约，白天与夜晚各具风情。

就算是清醒，身在其中也觉得如在半梦中微醺。

餐厅与旅店相隔一段十分钟左右的距离，虽然有提供高尔夫球车代步，我却宁愿自己步行前往，独享那沙漠夜晚独有的宁静。一路上没有灯光，点上火把和蜡烛，衬着月光，仿佛路的另一端会是千年前的神殿。餐厅的座位则在露天帐篷下，吃饭时就倚着靠枕，与满天清澈星座对饮。这才是真正的奢侈。

如果暂时不想当大人，又对迪士尼敬而远之，十分推荐你到奥地利 Hotel Rogner-Bad Blumau 来藏匿耍赖个几天。

我就专程花了两个小时的车程，来到这个距离维也纳一百三十公里的巴德布鲁茂（Bad Blumau）小镇，为的就是看看国宝级艺术家弗登斯列·汉德瓦萨（Friedensreich Hundertwasser）晚年时大发玩心所实现的梦幻国度—— 一个如童话般的温泉旅店。

这间建造于一九九七年的旅店，占地四十多公顷，可媲美大型主题式公园，设计理念则源自于汉德瓦萨的作品《Rolling Hill》。尽管这个老顽童艺术家的创作色彩与风格鲜艳丰富，充满曲曲折折或螺旋形的趣味线条，像是来自幻想世界，他却仍坚持主张生活和创作必须与自然环境做友善的融合。

我想他是个至死都保有天真的人，也只有这样童心未泯的人，才能够巧妙地将原来不属于大自然的颜色，接合在最纯净的自然环境中。

与其说这家旅店是建筑作品，不如说它是汉德瓦萨的地景艺术创作。它其实是由不同的建筑群组成，不仅不同幢的建筑体各自拥有不同风貌，连所有建筑的两千四百扇窗户和三百三十根圆柱，也各自设计得大小不一、不尽相同，就像是儿童随性手绘的朴拙插画。甚至连浴室里的白色瓷砖，每一片都不一样，充满自由的手工味道。

而汉德瓦萨在旅店内也不放过任何一个小地方，尽情发挥想象力，包括洗手间的指示、橱柜和门锁，处处都是他亲力亲为的设计创作，让整间旅店有如他的博物馆。

这个位于施蒂里亚（Styria）温泉区的旅店，附近没有其他建筑干扰，被一大片原始绿野环绕。每一幢建筑都不高，不是屋顶被绿色的草皮覆盖，形成可以供人攀爬的天然山坡，就是干脆整座建筑埋身在草地之下。十几年过去了，旅店便和自然界真正融为一体。

奇怪的是，在这样童话般的旅店内，我却很少看见小孩的踪迹。大概是怀有私心的大人，想独占这返老还童的仙境吧!

几乎每个住过 Carducci 76 的人，都说希望它是“best kept secret”（最高机密）的旅店。所以趁着一次参加威尼斯建筑双年展前，我专程从罗马东南部下到名为卡托利卡（Cattolica）的海滨度假小镇，看看它到底有何魅力，让人不舍分享。

入住这里，你就不会想再浪费时间到小镇上或那十哩长的沙滩去了。我的套房 China Room（中国套间）打开窗，就是一望无际的海滩，和眼前泳池互相映照。虽然住过的海滨旅店不计其数，但那里宁静的海景与绚丽阳光还是令我难忘。

那是与外界截然不同的异度空间：伊斯兰几何图案式的庭园，跟向来随性而漫不经心的南欧风格迥异，是简约恬静的精心布局；长走廊与木百叶窗都漆上了纯白色，让人想起殖民时代的印度支那（Indochine），法国人也是用此法隔绝中南半岛令人难耐的湿热，在暑气中保持高贵优雅；房间内陈设的红漆衣柜，和非洲式的 safari 黑白图灯饰，混搭上欧洲感强烈的麻质布帘，竟然都可以和谐共处，像是理所当然。

我的房间以中国为名，但又不是纯然使用中式的器物，也加入其他地方色彩，效果却恰如其分。所谓异国情调，不是把巴黎家具搬到北京、把日本榻榻米移到伦敦那样简单，要做到将不同的异地色彩，调合出一种不属于任何地方的气息，那深度无可言喻，要有厚实的世界视野才行。

01

01 位在沙漠中的 Bab Al Shams Desert Resort & Spa 有仿古的装潢与朴拙家具，加上神秘感十足的灯饰，仿若进入神话世界。

02

02 Carducci 76 的长走廊与木百叶窗都漆上了纯白色，高贵又优雅。

这样艺术品般的旅店，为何出现在一个过气的乡下小镇，原来是时装王国 Ferretti 创办者兄弟的功劳，他们买下这幢一九二〇年代的欧洲大屋，原意只是想招待前来拜访的高级客户，却意外成了旅馆，成了每个住客心目中的秘密花园。

把 Carducci 76 供出来，其实我也是万分不情愿啊！

Info

Bab Al Shams Desert Resort & Spa 迪拜／恩都兰斯	www.meydanhotels.com/babalshams
Hotel Rogner-Bad Blumau 奥地利／巴德布鲁茂	www.blumau.com
Carducci 76 意大利／卡托利卡	www.carducci76.it

03

03 Hotel Rogner-Bad Blumau 温泉酒店，是奥地利国宝级艺术家汉德瓦萨的作品，媲美大型主题式公园，充满想象力。

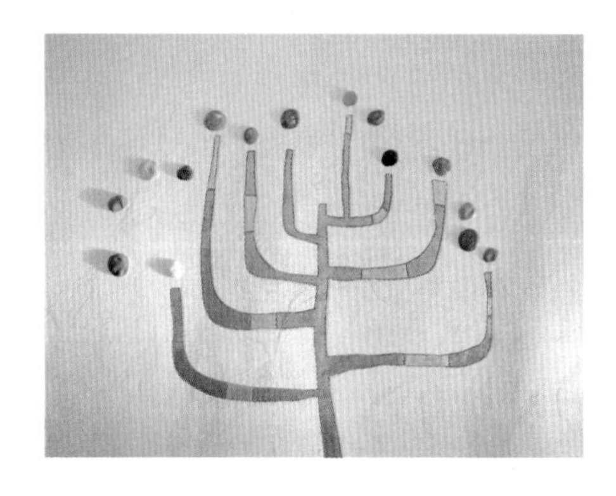

04

住不腻的旅店

我最不喜欢的，就是那种“一生一定要去的一百个地方”类型的书籍。非去不可？不去一定后悔？去了就死而无憾？我看大多数都不见得是这样。但对我来说，的确有些旅馆，住过一次便是一世记忆，它们独一无二，无法复制、不能取代，就算再住上百次也不厌倦，只怕今生不够。

荷兰当红设计师马塞尔·万德斯（Marcel Wanders）的作品在世界各处皆可见到，也经常被抄袭，但他参与设计的 Lute Suites 绝对是复制不了的。原因之一是建筑本身原是建于一九四〇年代的火药厂工人宿舍，格局独特；原因之二就是旅店的主人是知名厨师彼得·路特，这间旅店证明了，酒店设计不一定是建筑师的天下，只要有心、有创意，不管来自什么样的背景，厨师、家具设计师，甚至服装设计师也好，都可以参与其中。这样的高度可能性，也是旅店让人着魔的地方，让我多了设计师之外更多元的触角。

在 Lute Suites 用晚餐搭配住宿是必然的，在餐厅用过餐后，我搭着专载顾客的小游艇，顺着美丽的阿姆斯托河（Amstel）缓缓到达旅馆，船上巧遇老板本尊，闲谈之余才得知万德斯是他的老食客，旅馆也是他一时兴起的主意。两个荷兰大师，便这样在酒足饭饱的催化下订下盟约，后来也证明是认真的。

Lute Suites 有着七间各自独立的小屋，我住过的是 House No.5，拥有楼中还有楼的宽敞空间，第一层是客厅，通过一条斜倾的楼梯便是一整层宽阔浴室。然后再攀过数级登上阁楼的铁梯，穿越迷你天桥，才会到达仅有两张床和床头灯的睡房，屋顶呈现如教堂般的三角状，看似露营帐篷，又像神秘金字塔模型。前卫的家具和整个历史建筑搭配起来，既冲突又和谐，营造出迷人的视觉效果。

如果你是万德斯的粉丝，旅店可以满足人们住进他那异想脑袋中一探究竟的渴望：Moooi 出品的碳纤维椅（Carbon chair）和台灯、像巨型肥皂般的浴缸（Soapstar）、数字图案马赛克，等等，七间 Suits 的摆设和设计不尽相同，如彼此竞赛般互有精彩，但都是万德斯的精品展览馆。更何况，他何止放入自己的作品就算，而是针对每个 Suit 的不同格局发挥想象，让人惊讶当时第一次从事酒店设计的万德斯对空间掌握如此成熟。特别的是，万德斯在旅店内用了许多射灯效果，就算是夜晚，也能看见如黄昏夕阳斜射时的光线切割流动，时间界线变得模糊。

到此，别忘了入境随俗租辆脚踏车，沿着河畔的脚踏车道骑乘，绝对疗愈。

尽管环境清幽，入住曼谷 The Siam Hotel 的感官经验是非常忙碌的，太多令人兴奋的东西，让人瞬间回到第一次走进大型博物馆时的感动，好奇地东走西逛，深怕错过什么传奇故事。

我想，知名摇滚乐团主唱库萨达·苏阁索·克拉普（Krissada Sukosol Clapp）经营起这家旅馆，为的不光是盈利，更是为了收纳他们苏阁索家族

01

01 The Siam Hotel 有丰富收藏，将古朴与奢华融为一体，自然展现高超品位。善于园林设计的本斯利也巧妙利用各式植物，将旅店升华为随时变化生长的有机体。
02 Lute Suites 的小屋，屋顶呈现如教堂般的三角状，看似露营帐篷，又像神秘金字塔模型。巨型肥皂般的浴缸，则是设计师万德斯的杰作。

02

(The Sukosol Family）在世界各地精心挑选的古董宝物，让它们和比尔·本斯利（Bill Bensley）设计的空间氛围互起化学作用，营造出独一无二的艺术博览会：从钢琴键般以黑白为主调的展场（旅馆建筑）本身、走廊上的风扇、洗手间墙上的挂饰，到住客的住宿体验、食物和服务，无论有形或无形，都是动人心弦的展品，连每一处洗手间都独具个性。

苏阁索家族的收藏丰富到令人咋舌，百年老椅与窗户光线的角度、摇滚乐团海报，以及沙发的配色、黑白照片木框与灯饰搭配起来的线条，等等，都经过深思熟虑，让空间里的每个角落都与众不同，古朴与奢华融为一体，不是炫富，而是高超品位的自然流露。善于园林设计的本斯利则利用各式植物，将旅馆升华为随时变化生长的有机体，巧妙地透过花草营造出许多看似私密、实则相连的高明空间，也因此我经常像一个人入住般在庭园里独自走动、在草地棚台下尽情做瑜伽，却又隐隐听见忽远忽近的人声笑语。

我住过的房间 The Siam Suite（暹罗套房）是旅馆里最普通的房型，虽说普通，却已是许多五星级旅店豪华套房的规模。不仅有各自成局的客厅、餐厅和睡房，拥有独立式浴缸的浴室更是宽敞，窗外则是传统的农家景观和庙宇，可隐隐听见僧侣们念诵经文的平缓音调，我与他们各有自己的境界，别有一番趣味。

到现在，Hotel New York 还是我心目中最喜爱的旅店，喜爱到就算我发现房间床头柜上有一层沾手的灰尘，也不愿清洁人员扫去，觉得那是历史的一部分。它是我唯一能够接受有点“肮脏”的旅馆。

Hotel New York 并不位于纽约，而是远在半个地球外的荷兰鹿特丹港口，其建筑在百年前则是荷兰邮轮公司 Holland-Amerika Lijn 的总部，这里在二十世纪初曾经是欧洲移民满怀希望追求美国梦的起点，因此得名。

它也是我见过最“自恋”的旅店，有各式各样的自制纪念品，让我每一件都想买下来，包括充满怀旧感的漱口杯和拟真模型，甚至有一本纪念漫画书，邀请了许多插画家以旅店为题发挥作画。这个十九世纪的建筑，里里外外都充满了怀旧质感和浓厚人情味，要拍成一部电影也绰绰有余。

我每次去都要求旅店为我安排不一样的房间居住，有一次终于入住了最高处的钟塔，是旅店最昂贵的房间，整个客房由五十二级阶梯分为三层，几乎如一幢独立别墅，站在不同的高度，就可以获得全新的视野体验。而打开窗户，外面的海港城市景观，绝对令人宁愿放弃纽约梦而安于现状。有点可惜的是，原本房价不高的 Hotel New York，最近已被改装成高价豪华酒店，虽在我心目中还是最爱，但已失色不少。

入住葡萄牙 Palacio Belmonte 之前，先温习一遍维姆·文德斯（Wim Wenders）的电影《里斯本的故事》，再穿越那些充满斜坡窄巷的古老街道，会更有感觉。

这个建于一四四九年、位于市中心历史悠久的阿尔法玛区（Alfama）的建筑本身，若从罗马时代谈起它的故事和经历，就足以写出一部长篇小说。这个迷人的特质，让旅馆老板弗德里克．库斯托尔（Frederic P.

Coustols）宁愿花费五年时间，找来当地工匠细细修整，更坚持采用传统的物料和建筑方法。我想他对这建筑是充满感情的，尤其是当老板无意间看见我的房间平面图时，想也不想就指出我少画两扇窗，更证实了这点。

而与民居比邻的旅店，也持续与在地人的生活进行互动和联结，将一部分的空间租用给工艺店和兼有咖啡室的画廊，发展当地小区文化。

由于建筑本身历经过多次功能变迁，更一度成为修道院，因此里面的结构布局层层叠叠地记录着不同时期的历史。有一晚因为住客不多，我幸运地被升等到最高级的房间，多达八个窗户、四个楼层，从厨房到浴室，再走到客厅，经过睡房，最后登上阳台，中间得经过五十多级的旋转石梯。到处都是浓浓的历史感，墙壁上还可以见到一七三〇年代镶嵌的青花磁砖，窗户旁保留了中世纪的石凳，而客厅六角形的屋顶，也让人联想到那段十五世纪的修道院过往。

由于仅有九个房间，加上众多曲曲折折的走廊结构，大多数时间我都可以独自一边找路，一边沉浸在旅店的历史情怀中，除了到房服务餐饮的私人管家以外，几乎碰不到其他人，像是专属我一个人的博物馆。

五百年后，相信这里的故事仍会继续。

若百年不够，想体验千年前的人类文明，Sextantio Le Grotte Della Civita便是首选，它所在的城镇马泰拉（Matera），亘古以来都是生机蓬勃的，有着说不完的故事，也是著名的基督受难电影的取景地。

旅店本身跟古城相融，保留大多数的原始状态，再添入现代卫浴、空调与网络。入住此处，就像不小心穿越时光隧道，走入文艺复兴时期的耶稣画作：厚实的木头餐桌上，已经摆放好一壶透着水珠的冰水、翠绿成串的葡萄、红酒和新鲜苹果，配上白色桌布，那画面完美得令人不敢碰触。衣柜与床架是用木头以古法榫接，厨师则穿着朴拙的麻布衣装。

房间是一个极其空旷、没有隔间的古代洞穴，一百五十平方米的空间，天光顶多能从大门与天窗渗透到室内的三分之一，黑暗处仅靠几盏闪烁烛光或地灯映照，墙面风化冲刷过的肌理被赋予生命般若隐若现。到了夜里气氛更浓，仿佛仔细倾听，会有神秘的古语呢喃，领我回到太初……

若我就此沉睡不起，也值得了。

Info

Lute Suites 荷兰／阿姆斯特丹	www.dekruidfabriek.nl
The Siam Hotel 泰国／曼谷	www.thesiamhotel.com
Hotel New York 荷兰／鹿特丹	www.hotelnewyork.com
Palacio Belmonte 葡萄牙／里斯本	palaciobelmonte.com
Sextantio Le Grotte Della Civita 意大利／马泰拉	legrottedellacivita.sextantio.it

03

04

03 Hotel New York 不在纽约，而是位于荷兰鹿特丹港口。
04 葡萄牙 Palacio Belmonte 曾是修道院，有浓浓的历史感。

05

05 Sextantio Le Grotte Della Civita 旅店本身跟古城相融，入住其中，就像不小心穿越时光隧道，走入文艺复兴时期的耶稣画作。

会移动或消失的旅店

有些旅店不会固定存在，会移动，也会突然消失得无影无踪。

Hotel Everland 由一对瑞士艺术家莎宾娜·朗（Sabina Lang）和丹尼尔·鲍曼（Daniel Baumann）所构思，仅有一个房间，内有瑰丽浴室、king-size（特大号）大床、酒吧，是细致到连毛巾都会以金色丝线绣上贵客大名的奢华酒店。过去曾矗立在巴黎一座面向无敌景观的建筑物顶楼、森林湖泊边和起重机上，目前已停止运营，等待哪天旅店主人产生新的突发奇想。

现在有许多寒带地区都兴起用冰块盖旅馆，然而位于瑞典最北边、尤卡斯耶尔维（Jukkasjärvi）小镇的 Ice Hotel，一直保有世界先河的地位，拥有长达二十六年的历史。它也可以说是最环保的旅店，大多数建材就利用附近河流天然河水结冻制成，大约用了仅仅半分钟流量的水量，十二月开放到四月融雪，便又回归到自然之中。

到达基律纳（Kiruna）的机场，可以选择乘坐巴士半小时到尤卡斯耶尔维，或者选择更刺激好玩、但价格昂贵的狗拉雪橇。Ice Hotel 每年都让各方艺术家与建筑师为其打造房间，因此每间各有风情，有的天马行空、绚烂浪漫，有的运用几何图形，抽象冷静。对我而言，入住这个旅店最特别的，是在这儿还得上半小时“如何睡觉”的课，包括衣着、睡袋的穿法与如何透气等，由于攸关性命，绝对是必修课。

许多朋友听见我要去 Ice Hotel，第一个问题便是：“房间内要如何上厕所？难不成有冰尿壶？”答案是，除了最顶级的 Deluxe Suite（豪华套房）有私人浴厕，其他人都得从房间出来，走上三十米左右的雪地，到设有暖气的公共卫浴去洗澡、如厕。因此，睡前我便不再饮水，以免深夜还要披着那厚睡袋充当雪衣，醉熊般迷迷糊糊狼狈外出，穿脱也耗力耗时。除非保证有极光看，否则就别折腾了。

有些旅店虽然依旧好好地在原地，名称也未改变，但因为重新整修，新的经营者或设计师不够了解或尊重原创，不懂维持古迹内涵的方法，导致新旅店面目全非、徒具豪华形式，对我来说，也就如消失一般了。

05

物超所值的设计旅店

“设计”旅店是否就等于“收费昂贵”？或许有些名过其实的旅店，利用设计假扮高深高贵为房价加分，但也有许多名副其实，甚至位处国际都会中心的旅馆，物超所值，可以说“good value for money”。

What you paid（你所花费的）不一定等同于 what you get（你所得到的），但它们证明了“what you get is more than what you paid”（你所得到的比你所花费的更值）。

过去 B & B 的定义是 Bed & Breakfast（住宿加早餐），但现在 B & B 也可以这样理解——Budget Boutique Hotel（经济型精品酒店），德国柏林的 Ku' Damm 101 便是我心目中的代表之一。

朋友要到柏林，若没有什么太古怪的要求，我常推荐他们住 Ku' Damm 101。这一家优质而不装模作样的旅店，有着朴实无华的贴心，无论在地点、荷包或精神上都能让人尽欢，有些房间的价格甚至低于五十欧元，绝对超值。

旅店设计师是建筑大师柯布西耶的拥护者，让旅店呈现理性氛围和功能主义，无论是房间或公共空间，家具以够用及实用为原则，不会有多余的装饰或锦上添花，这种简约节制的做法，不仅能凸显每件线条雅洁的家具，也让旅店更为宽敞舒适，颜色则使用了呈现一九五〇年代、一九六〇年代氛围的粉绿或粉灰等，历久弥新。

柏林的天空是我最喜欢的景观之一，就算是阴天，云彩的颜色仍变化多端，充满戏剧张力。Ku' Damm 101 没有浪费了这点优势，尽力将天然的光线引进室内，也提供许多户外空间，让旅客能尽情望天发呆。我的房间仅是单人套房，却拥有长达五十米、三房共享的阳台，柏林的风光尽收眼底。当然，想偷窥一下邻居的动静，或大方地打声招呼感受四海一家，也是可行的。

房间内虽然没什么艺术摆设，但由落地窗洒入的光影，就足以丰富满室风光。而设计师在睡房与洗手间之间，装上一排透光不透视的怀旧玻璃砖，就算不开灯，也能有天然光线渗进来。白天时几乎不用开灯，天光比任何人工光线更能陪伴视觉，更是充满玩味。

旅店不太使用昂贵的材料，却巧妙地让那些平凡无奇的材质发挥数倍价值，不下于千万豪华装潢。浴室墙壁使用廉价的格子白磁砖拼贴，但呈现出几何线条浓厚的艺术气氛，重要的是，莲蓬头的水绝对够力。房间地板舍弃传统地毯，贴覆上平价的塑料地板，反而更显干净实用。家具设计也有许多令人惊喜的贴心之处，例如可以转动的桌子、从顶端延伸到底部的衣柜手把、容易取用东西的洗手台、各种方便伤残人士的设施，等等，在在凸显德国重视人性的观念，无论是喜爱设计的年轻人或是行动不便的长者，都能自在享受旅店设施。最棒的是，旅店也没少给 Spa 服务。

别轻易错过它位于七楼的餐厅早餐，和天台上的空中花园景观，从那些

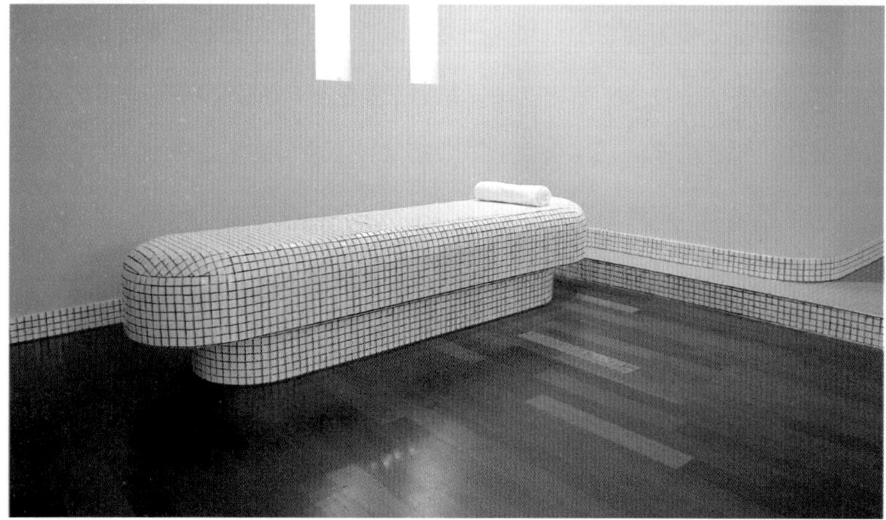

01

02 03

01 柏林的天空充满戏剧张力，Ku' Damm 101 没有浪费这点优势，尽力将天然光线引进室内。喜爱设计的年轻人或行动不便的长者，都能自在享受旅店设施，最棒的是，连 Spa 服务也没少给。

02 伦敦机场的 Yotel 的设计概念结合胶囊旅馆与飞机头等舱，连 check in 的过程都像办登机手续，可以利用机器办理自助登记。

03 Easy Hotel 的房间麻雀虽小，满足基本需求的五脏仍然俱全。

角度观看城市，会让原来嫌弃柏林太过呆板冷峻的人彻底改观。

若是下不了手花大钱坐头等舱，那就花点小钱入住伦敦机场的 Yotel[1] 过过干瘾，甚至还能“奢华”地拥有独立洗手间。

对于需要搭早班飞机或转机等候时间较长的旅客来说，位于机场客运站内的 Yotel 是相当方便又舒适的选择。其房间设计的概念结合东京 capsule hotel（胶囊旅馆）与飞机头等舱，尽力将小空间极致化，连 check in 的过程都像办登机手续一般，可以利用机器办理自助登记手续。房间都是有如蜂房般长方形的小格，没有可以窥看现实世界的窗户。而进入房门前，都要先步个两级阶梯，再打开有如太空舱的房门，让人恍若下一刻就是被催眠，冻龄几十年，进入漫长的空中旅程。

我不选面积大约一百平方英尺的 Premium Cabin（高级木屋），刻意入住面积小一半、有如香港木板隔间房（木板隔间的雅房）的标准房。打开房门，除了一张单人床和紧贴的洗手间外，就没有多余的空间，连桌椅都像在机舱内一样采用折合式，书桌巧妙地隐身在镜面之后。而睡床的高度较高，要利用脚踏垫登上爬下，既像火车卧铺又像山顶洞窟。仔细研究之下，才发现原来床下的空间便是下层睡床的房顶，比起木板隔间房更不浪费一丝空间。由空中巴士公司设计师所量身打造的房间设备，则经过精密的考虑，除了充分利用空间外，也兼具实用与方便维修的功能。洗手间淋

1　位于纽约曼哈顿第十街的 Yotel 就不能算是 budget hotel，因为房价高达三百五十美金以上。——作者注

浴的水力强劲，但绝不会四处喷洒弄湿马桶。床垫也够厚够舒适，墙壁隔音绝佳。

直到意识到了没有酒单和空姐奉上美食，才想起这房间不会起飞，或是我还有下一班飞机要赶搭。

在一个普通三明治都可能要价三百元新台币的伦敦，Easy Hotel 算是有品位的穷旅人的福音。旅店开幕那天，我便抢先当了第一批顾客，那天门口自然挤满了大批媒体，虽然他们的焦点全放在年轻背包客的反应上，我却是第一个 check in 的得意（非青年）旅客，房间钥匙还是由 Easy Group 的大老板哈吉–伊奥安努（Stelios Haji-Ioannou）亲手交到我手上的。

我还刻意选了位于地下室的“Small Room”（小型房），更让人对它“用最少的资源是否能提供最佳服务”期待万分。

设计色彩上走 Easy Group 一贯的活泼橘红色，象征创意。而当然，我的睡房很小：没有窗户，没有衣柜和桌椅，只有一张三面临墙的床。淋浴间紧靠着床边，床尾是个仅容一人转身的通道，若要上床睡觉，得把行李先搬下来放在走道。一般旅店有的 minibar、电话、免费早餐、浴袍、洗发精等这些多余享受，一概没有。由于接待处只有一人处理事务，住客不用再多道 check out 的手续，也没有人会为你免费打扫房间，一切自理。

然而麻雀虽小，满足基本需求的五脏仍然俱全。淋浴时虽然不易转身，但莲蓬头的水力和热度比许多高级旅店还要理想，甚至还附有水力按摩。墙上有入墙架可以放置杂物，也有须额外付费看节目的 LED 电视。房间的通风和隔音效果也相当良好，如安静的个人音响室。再往好处想，比起东京的子弹式旅馆，这里至少还可以让身体站直。况且 Easy Hotel 就位于市中心，前往海德公园只需十五分钟脚程。

叫人惊喜的是，占据房间三分之二面积的床褥，其实相当宽敞舒服，那一晚我睡得好极了。加上一旦想到住在此，能在伦敦这个什么都贵的城市省下大把银两，睡得更是香甜。

阿姆斯特丹近来是旅游热门地点，旅馆房价自然水涨船高，Lloyd Hotel 的好处是，你可以在这里依照口袋深浅，选择一星到五星的不同配备房型。旅馆本身就是深具历史故事的建筑，一九二〇年代，它曾是专门服务东欧移民航行到南美洲的旅店，战时化身检疫所，大战后又变成少年罪犯的囚室。到了一九八〇年代，艺术家又看上此处，聚集在这里。一直到了二〇〇四年，又还原成设计酒店。

Lloyd Hotel 的配置相当有意思，是一种流通的概念，让图书馆、餐厅与厨房等原本各据山头的设施，共融在相通的公共空间中。站在楼梯间往下看，就会看见各有目的的人们互动交流的情景，颇有高档青年旅馆的氛围。

平价设计旅店在这个不景气年代的大潮流，连安德鲁·巴拉斯（Andre Balazs，纽约高价精品旅店 Mercer Hotel 的创办人）也不放过，在加州好莱坞星光熠熠的日落大道旁，将一幢老人宿舍改建成 Hotel Standard，摇身变成年轻人追求星梦的落脚处。若有表演欲却苦寻不到伯乐，可以干脆在旅店大厅的展示区做真人走秀，加上那室内颇有肥皂剧风格的装潢，以及服务生的迷你裙服装，这个 Hotel Standard 其实一点都不普通。

1	有些旅店针对收入不高的年轻人有特别优惠，例如西班牙圣地亚哥由古老修道院改装而成的 Hostal de los Reyes Catholicos，就让二十岁到三十岁间的青年以四分之一的房价入住。纽约的 Hotel QT 本身房价已不贵，但低于二十五岁者有七五折优待。
2	多留意旅店试运营的时间，会有许多特殊优惠。若消息够灵通，可以趁这时捷足先登。我就曾以八十五美元房价，入住后来定价至少三百五十美元的纽约 Soho House，更受员工邀请参加餐厅的试味派对。不过，也要有心理准备，旅店内的设施与服务那时都还未真正完备，无法过于挑剔。
3	许多大城市旅店会有像股票一样的“浮动价”，在淡季的周末会特别便宜，差距达两三倍之多，须密切留意。

Info

Ku' Damm 101　德国／柏林	www.kudamm101.com
Yotel London Heathrow Airport　英国／伦敦	www.yotel.com/en/hotels/london-heathrow-airport
Easy hotel London　英国／伦敦	www.easyhotel.com
Lloyd Hotel　荷兰／阿姆斯特丹	www.lloydhotel.com
Hotel Standard　美国／洛杉矶 · 好莱坞	www.standardhotels.com

06

小房间玩出大创意

尺寸跟满意度不一定成正比，越迷你的空间有时迸出的惊喜更大。

提到迷你的旅馆房间，许多人一开始就会联想到日本的胶囊旅馆，这个因应忙碌都会生活与昂贵房价而生的产物，一开始多为加班或应酬而赶不上末班车的上班族，提供比露宿高档、比住旅店便宜的临时栖身之所，其蜂巢般的结构、大众式的盥洗设备，以及标准自助规章，呈现出日本社会高度服从性与安全性的文化特质。就算龙蛇杂处，嗡嗡嗡庸碌一天的人们，到此就成了乖顺的工蜂，钻进自己封闭的小格里睡去，仿佛重回子宫。

如今，胶囊旅馆也渐渐成了旅人的另类选择，不只因为能省下费用，有时更为了一种更“酷”的居住方式，甚至流行到其他国家城市，演化得更创意、更时尚。

我住过新加坡的胶囊旅馆 The Pod，房间床位大小同样就是一个单人卧铺，但棉被与床垫的用料高档，加上室内设计摆脱了廉价的塑料材质，以灰色砖石和棕色木材营造高雅精致的环境，公共空间也宽敞舒适，因此就算是胶囊旅馆，也令人感受到度假村般的愉快放松。

The Pod 另一个比传统胶囊旅馆还要进化的地方，就是小型行李可以收纳在床铺下的抽屉空间，不须另外摆到公用橱柜，更有私密性。加上住客多是年轻的背包潮客，日夜经常颠倒，使用卫浴和公共空间的时间与我错开，不用排队，也不必在盥洗时太紧张，更是加分。

越来越多人喜爱那被紧紧包裹的居住体验，现在就连第二、三线城市都可以看见不错的胶囊旅馆。有次旅经东欧克罗地亚的第二大城斯普利特（Split），我一时兴起入住当地的 Goli±Bosi Design Hostel，由于是用旧建筑改建，空间十分具有风味，床就像山洞里的岩穴雀巢般，一个个镶在墙面里，相当有趣。

胶囊旅馆之外，对我来说，少于十五平方米的房间就算小了。现在有越来越多人开始懂得小空间的迷人之处，甚至运用得比大空间更为灵活。

有些人以为越小的房间越需要干净简单，崇信少就是美，但能高明地填满小空间，有时更能营造缤纷趣味的世界，比大空间更适合。

就像是巴黎的 Bourg Tibourg，开启房门后，我就落入充满摩洛哥元素的神秘风光中，从壁纸、灯罩、家具摆设、地毯到床铺，都大胆地使用异国色彩，几乎无一空白，因为颜色调和，令人目不暇给，却也不感疲倦。灵性空间设计始祖雅克·加西亚（Jacques Garcia）的功力，在那个小房间中发挥得淋漓尽致。

只是要入住这样的小房间，住客的身材也不能太胖，否则在那狭窄的浴室里转身走动时，可能要用力吸气到快窒息。

许多人用空间来计较费用多寡，事实上，小房间不代表就廉价随便。

纽约的 The Jane 不只五脏俱全，且配备了许多在大型高级旅馆才能见到的高档物品。位于码头的它原是水手宿舍，改为大众旅店后，原本的房间间隔没有更动，仍维持船舱睡房般的格局，然而设计上却大有巧思，服务上也不克难。毛巾与床铺用料都有相当水平，装水的玻璃瓶（瓶身有个背对的裸女）是独家设计，开放收纳柜跨越了整面墙的长度，放了最新的iPhone端口，甚至可以要求一般平价旅馆要不到的高档浴袍……

小房间可以玩出的想象可以无限宽广，而且挑战更多。

巴黎设计旅店Hi Matic，是法国首屈一指的女设计师玛塔莉·克拉塞特继法国尼斯Hi Hotel之后的作品，善于利用简洁的线条、便宜的材质和简单的颜色，玩出千变万化的创意。

十五平方米的空间没有什么被浪费的空间，床铺则有点日式Futon床的味道，收起床铺，就是一张沙发，让我想起儿时蜗居在沙发一角的岁月，但却幸福许多。书桌、书架、衣架和床架皆利用极简的线框一体成型，加上各种可爱的粉嫩颜色拼贴，睡在里头像是在玩具屋里露营般有趣。

Hi Matic房间的空间虽迷你，洗手间的干湿分离仍进行得很彻底，盥洗淋浴间是一个独立玻璃筒，在其中淋浴，不免担心自己下一秒会被喷射到外层空间去。

谁说小房间不能搞出大玩意，被局限的只是人们的观点而已！

Info

The Pod 新加坡	thepod.sg
Goli±Bosi Design Hostel 克罗地亚／斯普利特	www.golibosi.com
Bourg Tibourg 法国／巴黎	bourgtibourg.com
The Jane 美国／纽约	www.thejanenyc.com
Hi Matic 法国／巴黎	himaticecologisurbain.parishotels.it

01

01 The Jane 原来是水手宿舍，改为旅店后，仍维持船舱睡房般的格局。

02

02 Hi Matic 的衣架、床架等家具利用极简的线框一体成型，加上可爱的粉嫩颜色拼贴，睡在里头像是在玩具屋里露营般有趣。

有故事的旅馆主人

国际连锁酒店的拥有者，经常与地产发展商脱不了关系。独立旅店的主人就有趣得多，有些人的人生故事比旅馆还精彩，成为人们选择拜访的主要原因。

欧洲有许多历史悠久的酒店，往往是某个贵族或富商家族身份地位的象征，代表他们有足够的品位和财力，撑起一家高档旅馆，像是瑞士苏黎世创办于一八四四年的 Hotel Baur au Lac，就是以百多年来经营葡萄酒零售生意的家族为名，代代相传，不仅拥有美丽的苏黎世湖畔私家花园，还坐拥阿尔卑斯山壮丽景观，经常有政商名流拜访。

一八八〇年创办的意大利威尼斯 The Bauer，背后有段爱情故事：名为朱利叶斯·格伦沃（Julius Grünwald）的年轻人来到威尼斯开拓未来，他彬彬有礼的风采获得鲍尔（Bauer）的赏识，便将宝贝女儿下嫁于他。从此夫妻两人连手以特有的管理制度创办酒店，成为意大利的典范，如今已扩充至六家旅馆之多。The Bauer 酒店几经翻修后，一九九九年分成两家各具风格的旅馆 Bauer L' Hotel 和 Bauer IL Palazzo，古建筑与现代新颖的设计风格成功融合，道尽威尼斯富裕时期的瑰丽历史风华。

伊斯坦布尔 Four Floors 的主人是一对兄妹，妹妹是设计师，将一幢十九世纪的老房子改造成时尚住所，哥哥则是送往迎来的经理人，总是面带微笑地站在柜台后，我喜欢在出门前和妙语如珠的他聊上许久，听听城内最新八卦，随便东拉西扯一番，振奋一下心情。

而网络世代 Airbnb 的崛起，则让 Hotel Owner（旅馆主人）这个身份变得普遍，只要有个地方可以也愿意租让给旅人，无需庞大财力或建筑设计知识，每个人都可以当旅馆主人。

07

真正爱地球的绿色旅店

我必须承认，自己并非环保人士，多少有城市人浪费的坏习惯，也不太注意回收分类。所以，若有旅店帮我把“环保意识”处理妥当，让我少一分搞砸地球的罪恶感，我会非常感激且佩服。要在最不环保的旅馆界当个清流，绝非易事，值得鼓励；若是又能将环保这个信仰传递得自然不刻意，不减少服务质量，更增加趣味，那真的是高明。

对现代旅馆来说，环保是目前最热门的话题，标榜绿色的酒店越来越常见，只是有许多只做到第一层工夫，像是建议住客减少毛巾更换、不用瓶装水、提高空调温度、实施 paperless（用科技代替纸张）、使用再生餐具或减少小塑料罐装盥洗用品，等等，如此已经算是不错了。更有诚意、环境也许可的话，则会鼓励使用自行车，有可让自然空气流通的窗户布局，家具多是废物再造，甚至安排当地生态旅游……

而真正全面的环保旅馆，不只是减废回收、多种盆栽或使用环保产品那么简单，在初始阶段就要想得非常清楚，从绿色建筑到永续经营，一气呵成，创造有生命质感的旅店。

想感受入住雨林的悸动，又舍不下城市中心的方便繁华，这家在新加坡的 Parkroyal on Pickering，正可以解决选择文明还是野性的犹豫不决。

新加坡随处可见、深植于日常的环保细节，以及可以大胆放手实验绿建筑的环境，常让我这个香港人艳羡不已。如何在“对环境友善”与“舒适奢华”间取得平衡，甚至互相加分，新加坡的旅店这几年相当努力地在实践。

由新加坡著名的WOHA建筑事务所打造的Parkroyal on Pickering，在自我介绍中便写着“The colour of our hospitality is green”（展现我们旅店的颜色，便是绿色）。它不但创造了新加坡第一座零耗能、一万五千平方米的空中花园，每四层楼更有渐层而下的大片户外绿地，有如东南亚乡野间的梯田般，种植着被悉心照顾的各式本地热带树种，以此帮助降低建筑物的温度，也让整座旅店形同会呼吸的有机生命体。

若房间刚好坐落在有花园的楼层，窗外不只可以看见花草，还有一整棵大气的棕榄树，沁人心脾。而旅店之前更有一座公共公园延续绿色景观，让旅客享有居住在森林树屋般的视野。无论是外观或房间，这间旅店都呈现出高度优雅的自然意识。呼应梯田的概念，半开放、由高柱支撑的大厅屋顶，就设计成层叠风化岩般的大地风貌，非常特殊。如此绿意盎然、像是休闲小岛般的旅店，却位于热闹的市中心商业区，临近中国城和新加坡河，绝不远离尘嚣。

虽然入住前已在网站看过旅店照片，但真的走进房间后，它的美丽仍出乎我的意料，大量橡木跟灰色天然石头的自然色，加上超过三米高的楼顶，让视觉和精神彻底逃脱城市压力。房间内也具体实践环保，例如不

01

01 Parkroyal on Pickering 有新加坡第一座零耗能的空中花园，大厅屋顶设计成层叠风化岩般的大地风貌。

提供常见的塑料瓶装水，而是使用固定的净水器，减少塑料的使用，四处装置了温度与动作传感器，自动控制灯光的开关和冷气的调节，避免不必要的电源浪费。高度的环保性与永续概念，让旅店获得新加坡绿建筑最高荣誉 BCA（新加坡建设局）绿建筑白金奖，以及太阳能先锋奖。

而节约与享乐当然可以是不冲突的。位于户外花园的 lounge bar（休闲酒吧），有着一座座彩色鸟笼造型的私人包厢，延伸在泳池上甚至花园之外，夜晚点灯时，像是漂浮在水面与城市半空中的优美水灯。几杯香槟下肚，和朋友或坐或躺在包厢卧铺上，比起智慧空调，清凉的夜风更让人舒服得昏昏欲睡。

新加坡的绿建筑旅店如今发展成熟，Hotel Capella 是著名建筑大师诺曼·弗斯特连同贾雅（Jaya Ibrahim）、小市泰弘（Yasuhiro Koichi）等室内设计师的作品，也是我在二十多年后再度拜访圣淘沙的理由。

Hotel Capella 由一八八〇年代殖民时期旧庄园 Tanah Merah 改建，过去是英军俱乐部，拥有一百一十二间客房，包括三十八幢别墅，俯视观望就像一座有着靛蓝湖泊相连的丛林花园。和弗斯特向来擅长用高调的玻璃帷幕不同，旅馆外观风格内敛而典雅，单纯地使用白色与原木色搭衬，线条简单清爽，环绕在自然生态之中，非常有新加坡中西共融、天人合一的特色。

这间规模庞大的超级豪华酒店，并非暴发户式般地挥霍资源，仍有许多绿色意识的实践，奢华而不奢侈。建筑本身使用了环保隔热、隔音材料，大量开放式空间的设计，也让自然风可以自由流通，降低冷气使用率。更迷人的是，旅店范围内就拥有六十多种、超过五千多棵不同种类的热带植物，多数百年老树都被保留下来。

住酒店和露营，也有界线模糊的时候。

到达 Costa Lanta 的路途不算方便，要从曼谷先飞往泰国南部的甲米省（Krabi），再由当地机场转机到兰塔岛屿（Koh Lanta），而后再开车两个小时才到达。若是从甲米省出发，一天也仅有两班船前往。但我就是非得去探探年轻泰籍设计师当格利特·布纳格（Duangrit Bunnag）的第一个环保旅馆实验。

旅店的客房，是二十二间彼此保持距离的独立小木屋（bungalow），如同野生树林里的露营帐篷，空间只容得下双人床铺和浴室。然而，若想多多享用天然海风，小木屋的两面墙是可以完全折叠开启的，整间客房成为半开放的露台，和绿色草地连为一体，让人既能悠闲地躺在柔软床上，享用现代度假屋的舒适服务，又能将视线落在翠绿树林间，满足亲近大自然的原始渴望。

而旅店接待处、餐厅与 Spa 房也都是如此半开放的空间，让树木与野花的芬芳取代人工香料，让洒落的阳光取代水晶灯与壁饰。而徐徐吹拂的海风，比空调更让人心旷神怡。

唯一让我意识到自己是个都市土包子的，是傍晚出没的讨厌蚊子。这时只好放下床铺四周的蚊帐，和大自然保持一层薄纱的安全距离。

02

02 Hotel Capella 旅馆单纯地使用白色与原木色搭衬，处在自然生态之中，俯视观望时就像丛林花园。

03

03 Costa Lanta 的客房是半开放的露台，和绿色草地连为一体。

除了是布纳格的第一个旅店作品，旅店的主人也是第一次经营旅馆。三位合伙人是一对姊妹和一位朋友，因为从小喜欢到这宁静的岛屿上游玩，长大后便决定买下这块土地，从整地到一件件家具，都是和设计师一起摸索发想，建筑出真正原创的梦想旅店。

为了留下童年的美好记忆，旅店所在地不仅保持了原有的地形和天然溪涧，连她们钟爱的每棵老树，也都尽力保留下来，彻底实践因地制宜和充分利用资源的理想。和许多表面提倡环保，实际却破坏了当地风土或浪费资源的旅店相较，Costa Lanta 不会处处硬销“环保意识”，却处处以身作则，与自然和谐共处。

Info

Parkroyal on Pickering　新加坡	www.parkroyalhotels.com/en/hotels-resorts/singapore/pickering.html
Hotel Capella　新加坡	www.capellahotels.com
Costa Lanta　泰国	www.costalanta.com

旅店不只商务或度假两种

过去的旅店类型是比较清楚的，无论是商务还是度假，都有明显的区别。随着人们生活型态的不同、经历越来越多元，旅店的类型已不像从前那么简单，功能也越来越灵活了。

传统 resort（度假旅馆）总与阳光、沙滩、森林结盟，如今楼房耸立的楼市中都有 resort，而且休养生息、办公开会两相宜，Spa 区和会议室一应俱全，鼓励创意商机也提倡绿色健身，一站式处理现代人需求。

德国柏林的 25 Hours Hotel Bikini，由产品设计师沃纳·艾斯林格（Werner Aisslinger）操刀，建筑前身是一九五〇年代的电影院，外观依旧灰扑扑而线条理性，里头则化身为人见人爱的设计乐园。入住这里，百分之百要选择面对动物园景观的 Jungle Room；我的房间窗外紧贴着猴子园，近到有几次我都以为有猴子闯入房间内又叫又跳，仔细确认过后，只会发现几个可爱的猴子布偶静静微笑，才回神提醒自己不在丛林，而在柏林市区。

25 Hours Hotel Bikini 大厅里有个如嬉皮剧场的休憩室，苹果计算机隐身在木偶戏布帘里，角落处的 Newscorner（新闻角）提供书报阅读，让人既享有隐私又十分舒服，会议室则如夜店般让人一边开会、一边想来杯血腥玛丽，一整个就是设计人朝思暮想的工作环境。我真想把客户都叫来这里开会、脑力激荡，三天三夜都不嫌乏味。这里就如猴子般活力十足，处处都有把戏，让人在精神上或思想上都年轻起来。

过去大部分为商务而设、制式化的胶囊旅馆，现在也有许多变化。我去日本京都的 Nine Hours，设计上未来感十足，服务也有许多前卫做法，虽看得到商务人士入住，但慕名而去的国际年轻潮客更多，甚至也有住得起顶级酒店的人，为了尝鲜而住上几宿。

走进 Nine Hours 房间（床铺）区，看到的是科幻电影里才有的画面，我差点以为自己要乘坐航天飞机，沉睡后便前往数万光年外的星球。特别是床头黑色数字音响的造型，和它在圆弧空间中产生的倒影，令人不禁想起《星际大战》里的前卫造型，无论从哪个角度看都很完美。更让人赞叹的是，当我设定好闹钟，早晨唤醒我的不是一般惹人厌的响声，而是由暗逐渐转强的光线，那样的设想既人性化又新奇，也让一整天的精神不再紧绷。

日本东京的 Book and Bed 则将胶囊旅馆与图书馆相结合，似俗世喧嚣中的书香绿洲，住客多少都带着文青灵魂，来此一圆与书同眠的梦想。

旅店，就是实现理想生活的地方。

01

02

01 Nine Hours 床铺区宛如科幻电影中的画面。

02 Book and Bed 结合了胶囊旅馆与图书馆。

08

处处精彩的大师级旅店

尽管同行相忌、文人相轻，但对于一些现代旅店的设计大师，我还是心甘情愿向他们致敬。

菲利普·史塔克设计的旅店，对我来说是住不腻的，就算有些人认为他的作品太泛滥，我仍觉得每间旅店都相当有意思，细心观察的话，就会发现他各自放进了不同点子，真的是才气纵横。

这个设计鬼才最厉害之处，就是利用便宜普通的素材，创作出质感丰富且豪华的作品，把所有的细节都做得很到位，实不实用倒是见仁见智，至少总是让人耳目一新。设计所能创造的附加价值，在史塔克手中发挥得淋漓尽致。

这个特质在巴黎 Mama Shelter 中处处可见，旅馆的原址是一座废弃汽车修理厂，重建后，在史塔克的手中成为趣味中透着温馨的旅人游乐园。

光是房间门口的踏垫就让人会心一笑，上面有个唤起童年记忆的跳格子游戏，你大可又蹦又跳的打开房门，绝不怕有人笑你无聊或痴癫。走进房间，真正吸睛的东西不在眼前，而是脚下那片黑色地毯，上面印有各式各样白色字体、英法混杂的文字，像是现代城市风光中必备的涂鸦作品，让我低头端看许久。史塔克让一块简单的地毯呈现出现代城市风格和语汇，变成营造气氛的最佳家饰。

新加坡的 The South Beach 也能见到史塔克这个强烈的特色，一入门那大幅 LED 面板呈现彩色花园般的画面，无需真花真树或豪华屏风就令人心情大好，丰富斑斓、大方不俗。check in 有六个柜台可选，每个台面柜位表现了新加坡不同的文化和时期，古典与前卫并置、中西混搭，看似冲突但又和谐，正是这个熔炉国家的写照。每一块地毯都不尽相同，但用黑色线条等元素将主题贯穿，色彩搭配也高明极了。仔细看便发现地毯用料并不昂贵，却在灯光颜色错搭下显得质感高档。

在这个旅店里，找不到任何无聊的地方，甚至是一个位处角落的普通乒乓球桌，虽然使用的是不锈钢，看起来却十分轻盈，几乎要隐身在空间中似的。这么美的桌面，打起球可真让人分心。

史塔克的设计，常让人有清醒着落入梦中世界的感觉，他喜欢在平凡的小事物上动手脚，一张椅或一张小桌子，神来一笔，打破比例规矩，就成为空间内最吸睛的主角。他也喜爱将一般人觉得温馨的事物，放大到夸张的地步，走入我那普通套房大的房间，目光常被沙发前那盏将近房间三分之二高度的聚光灯所吸引，像个巨大的铁号角，配衬的却是一张摆上笔电就嫌拥挤的小圆桌。那里就像个小舞台，我总想试着把身上的小东西放上去，看看会产生什么化学变化。

二〇一三年过世的安德莉·普特曼，是我最敬爱的女性建筑师，也有幸在她生前有数面之缘。因为设计 The Morgans Hotel，普特曼被誉为“设计酒店鼻祖”，但她的设计作品其实非常丰富，并不局限于旅店。

01

02

01 史塔克喜欢在平凡的小事物上动手脚，打破比例规矩，让该物品成为空间内最吸睛的主角。
02 在普特曼的设计下，Hotel im Wasserturm 原本粗犷的外表不但保留原味，更增添了优雅。

要形容她的风格十分不容易，安德莉．普特曼这个名字，就是一种独特风格，不言可喻。她曾经说过一句影响我至深的话 ："What is Style? One point of view and one only."（风格是什么？就是独一无二的观点。）多么自信而掷地有声。

Hotel im Wasserturm 是我一去再去的旅店，光是想象如何将一座高三十五点五米、直径三十四米的百年高塔，重塑成让人入住的独特居所，这机运足以让每个设计工作者羡慕不已。而普特曼的功力自然不会白白浪费这样先天优良的建筑，不仅让它原本粗犷的外表在保留原味之余更添优雅，旅店中许多带有女性细腻特质的细节令人难忘。

半圆形的设计一直都是普特曼常用的细节，可见她在接手这间水塔旅店时多么如鱼得水。慢步盘点，Hotel im Wasserturm 的门锁位置、梳化椅、门廊等皆是个性独特的圆形线条，但又看不出是刻意做出来的，就如它们本来就是那样一般自然而富有生命力。

细心之外，普特曼也在旅店中展现灵活顽皮的一面。走廊处以看似不见尽头的神秘空中走廊，连接着各个房间，走在其间仿佛玩起抓迷藏的游戏，虽然不是每个人都喜欢这样不明不白的迂回，但对我来说更有寻宝魅力。

普特曼也善于将原本平凡的物料，赋予豪华的风格品味。例如看似过时且普通的壁纸在她的搭配下，竟让房间倍添高贵质感。浴室廉价的格子磁砖，和水塔建筑本身朴实的红色砖墙相得益彰。对她而言，不用什么金辉碧玉，只要具备有独到观点的风格，所有的东西都能变得“Luxurious”(奢华)。

和普特曼地位不相上下的，我认为只有阿瑙丝卡·汉姆贝尔。她一九八〇年代的作品——伦敦的 Blakes Hotel，不能用“长青”这个老派形容词，而是无论在哪个年代都有型，不会退流行。

汉姆贝尔最难被超越之处，是善于将空间“填满”，几乎不留空白，却绝不杂乱，把所有东西融合成一片而不着痕迹，自然地表现个人品位。Blakes Hotel 有五十二个房间，中国式、俄罗斯式或土耳其式等，各式各样微妙的细节令人目不暇给。

令我佩服的是，除了伦敦与阿姆斯特丹的 Blakes（现为 Dylan Hotel），汉姆贝尔也亲自打造了伦敦海德公园北面的 The Hempel（已停业），两者之间却是天差地远的不同风格。前者琳琅满目如神奇礼品店，后者却素净得像雪国冬天。一九九九年我入住 The Hempel 后，一直难忘那洗练却又生机处处的印象，即使是纯白色的墙壁，汉姆贝尔都有本事将日与夜的光影变化融入墙面，而花园里的几何线条带出的禅意更非等闲。一热一冷，汉姆贝尔都能玩得超凡入圣。

我是为了建筑大师彼得·卒姆托（Peter Zumthor）而前往 Hotel Therme Vals（现改名为 7132 Hotel Vals）的，然而那次体验后，也可以说我是为了那旅店，才会前往那个瑞士深山谷区一游。

曾经是木匠的卒姆托，从来不在雕花功夫上迎合讨喜，而是如修行般，

03

03 汉姆贝尔善于将空间“填满”，把所有东西融合成一片却不着痕迹。

将自然界的天赋精华，转化成建筑的肌肤与血肉。游走在 Hotel Therme Vals 里头，有种与墙面、地板、窗户和天花板融为一体的奇妙感受，就算手指没有碰到任何东西，也会觉得正在抚摸四周的灰色石面，魂魄随着看似无尽的线条流动。

“与自然做亲密接触”一直是卒姆托的中心思想，旅店建筑结构已嵌入山坡，顶上铺了一层天然绿草皮，形成最佳隐身效果，和环境合而为一。

人们走进旅店空间中，不必警告标语提醒，就会如进入神圣庙宇中一般安静下来。泉水敲击石面，发出清脆如钟的乐音，仿佛僧人吟诵的诗歌。每一寸紧绷的肌肉，就这样缓缓松懈下来，压力如瀑布般释放，化为无形。如果那是梦，我几乎不想醒过来。

凯瑞·希尔也是这样的自然大师，他设计的旅店随着时间推移，越融入周遭环境之中，像是会演化的有机体。位在东京的 Aman Hotel，即使位处城市喧嚣之中，都可以创造出如深山河谷间的寂静氛围，是漂浮在大楼之上的森林境地。

华裔美籍的季裕堂可说是近来炙手可热的室内设计师，他设计的东京 Andaz Hotel、上海 Park Hyatt、广州文华东方等，都是我这几年的心头好。他总能打破传统豪华旅店的标准，让空间有更不同的运用想象，也让原本被视为装饰的艺术品，精准融入装潢之中，成为互相加分的元素。

他在台北文华东方打理的三家餐厅设计，让饮食这件事变得更有质感，不只局限于满足口腹之欲。尤其前往五楼法式餐厅 Coco（现改名为

Un Deux Trois）的过程，已是一场五感飨宴：先是走过法式香氛店和甜品店，视觉与味觉都被挑动得甜蜜愉悦起来，然后是阅读区 Pages，随着书香和墙面墨丝线条，情绪会逐渐沉稳下来，在享受美食前整理好气质和心境。空间设计搭配极上美味，季裕堂其实是个挥洒自如的指挥家。

Info

Mama Shelter　法国／巴黎	www.mamashelter.com/en/paris/
The South Beach　新加坡	thesouthbeach.com.sg
Hotel im Wasserturm　德国／科隆	www.hotel-im-wasserturm.de
Blakes Hotel　英国／伦敦	www.blakeshotels.com
Hotel Therme Vals（现在的 7132 Hotel Vals）瑞士／瓦尔斯	7132.com
文华东方　中国／台湾 · 台北	www.mandarinoriental.com

04

04 卒姆托设计的 Hotel Therme Vals，建筑结构和环境合而为一。在旅店中，有种与墙面、地板、窗户和天花板融为一体的奇妙感受。

05

05 希尔设计的旅店随着时间推移，越融入周遭环境之中，像是会演化的有机体。

06

06 季裕堂让原本被视为装饰的艺术品，精准融入装潢之中。

旅馆与家的差异越来越小

因为工作型态的变迁，现在有许多人居无定所，香港住三个月，巴黎住半年，北京和西雅图两地奔波的所在多有。也因此，“家”这个概念越来越不清楚，选择（或被迫）以旅店为家的人，并不是什么特别的事。

我常说，退休后，就要找个最爱的旅店养老，终其一生。时尚教主香奈儿（Coco Chanel）大半生都在巴黎 The Ritz 居住，连生命最后一丝气息也在旅馆卧房中消逝。

纽约 The Quin Hotel 的前身是历史超过七十五年的 Buckingham Hotel，许多艺术巨星都曾栖身在此，包括超现实主义画家夏加尔（Marc Chagall）、美国现代主义先驱欧姬芙（Georgia O' Keeffe）和印象派画家哈萨姆（Childe Hassam），新酒店甚至为艺术家提供创作空间，提供下榻住所，像个热闹的艺术小区。另外，一八八四年建成的纽约 Chelsea Hotel 更是传奇，住宿者包括艺术家、国际级摇滚乐手和知名作家，除了收租金外，也接受他们拿作品抵押。

对这些人来说，旅店是家，是养老院，也是事业起伏之处，甚至是生命的终站。

服务式住宅（service apartment），是这个工作大迁徙时代的衍生品，逐工作而居的人们，或许住不起长期酒店，找个普通公寓租期又太长，便变化出这个租约弹性、又不会太昂贵的居住产物。

许多真正高档的服务式住宅，是与旅店挂钩的。精品酒店之父、地产大亨施拉格（Ian Schrager）曾在纽约传奇旅店 Gramercy Park Hotel 旁建盖豪华住宅，并让旅馆直接负责其内部服务。

半岛酒店第一家服务式公寓设在上海，一共只有三十九间。走进半岛酒店给我位于九楼的“房间”时，差点就迷路了，那一百多坪的空间对我而言简直巨大，比我香港的家大上十多倍。我的第一个念头是：嘿！应该叫上全家人来住住看的。不过，最后还是决定自己霸占了。拥有独立书房，大概是曾经连卧房都没有的我儿时最大的梦想，我最喜爱待在那个公寓内的书房里，坐躺大办公桌前什么也不做，只做白日梦。住在那里，不但可以享用酒店中所有的高档服务和设备，公寓则可以更加个人化，为你安排如私人管家入住到府，甚至可以代为购物送到门口。

在人们快速流通来往、寸土寸金的香港，还发展出既是旅店也是服务式住宅的产物，租期从一天到数年皆可。现在也流行把长期居住的家号称为酒店服务式住宅，不过大多是卖羊头挂狗肉。

居住与旅行的定义，旅店与家的区别，越来越模棱两可了。即便如此，游历世界后，想让那些收藏品长久栖身之时、想不受任何服务打扰的片刻，有个完全属于自己的老窝，就算仅有小小三百平方英尺，也会特别安心。

图书在版编目(CIP)数据

好旅馆默默在做的事 / 张智强著 . -- 桂林 : 广西
师范大学出版社 , 2019.11

ISBN 978-7-5598-1828-7

Ⅰ . ①好… Ⅱ . ①张… Ⅲ . ①旅馆 - 建筑设计 - 世界
- 图集 Ⅳ . ① TU247.4-64

中国版本图书馆 CIP 数据核字 (2019) 第 107233 号

广西师范大学出版社出版发行

广西桂林市五里店路 9 号　邮政编码：541004
网址：www.bbtpress.com

出 版 人：张艺兵
责任编辑：马步匀
装帧设计：鲁明静
内文制作：鲁明静　王　巍
全国新华书店经销
发行热线：010-64284815
山东临沂新华印刷物流集团有限责任公司

开本：710mm × 1000mm　1/16
印张：20　字数：80千字　图片：160幅
2019年11月第1版　2019年11月第1次印刷
定价：99.00元